지구의
 물음에
과학이
 답하다

슈피겔 온라인에 절찬리 연재된 지구의 미스터리 32

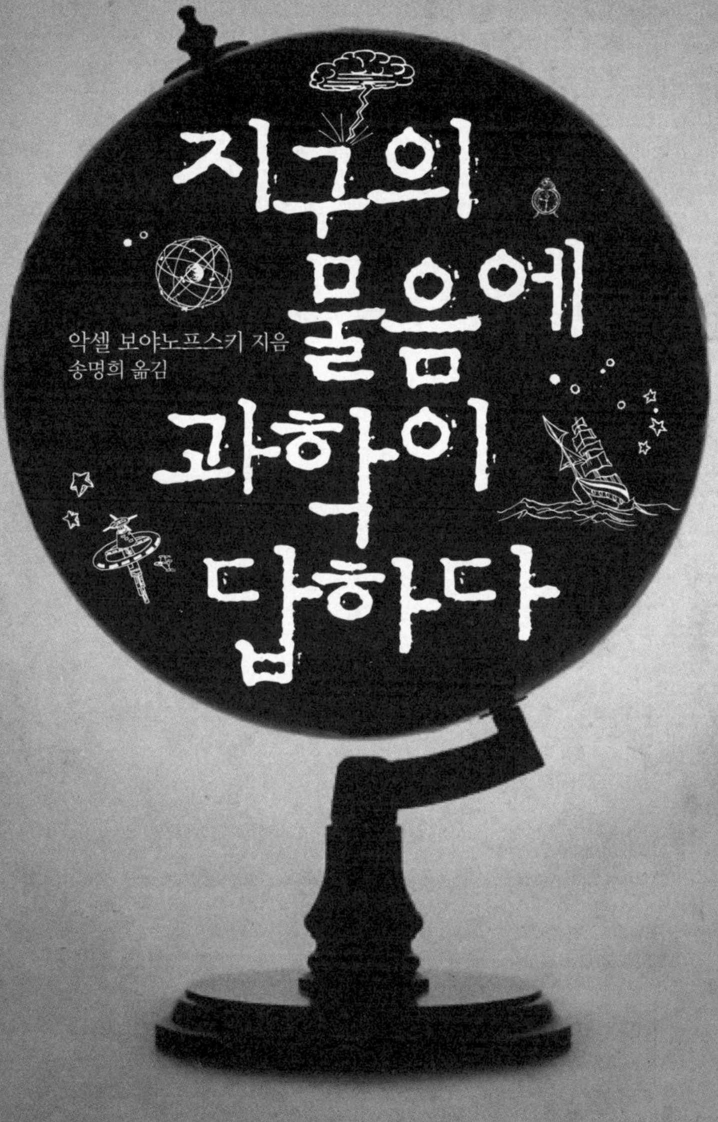

# 지구의 물음에 과학이 답하다

악셀 보야노프스키 지음
송명희 옮김

이랑 BOOKS

NACH ZWEI TAGEN REGEN FOLGT MONTAG und andre rätselhafte
Phänomene des Planten Erde by Bojanowski
ⓒ2012 by Deutsche Verlags-Anstalt, a division of Verlagsgruppe Random House GmbH,
München, Germany and SPIEGEL-Verlag, Hamburg.
Korean Translation Copyright ⓒ2013 by YIRANG BOOKS All rights reserved.
The Korean language edition published by arragement with Verlagsgruppe Random House GmbH,
Germany through MOMO Agency, Seoul.

이 책의 한국어판 저작권은 모모 에이전시를 통해 Verlagsgruppe Random House GmbH 사와의
독점 계약으로 도서출판 이랑에 있습니다. 저작권법에 의해 한국 내에서 보호를 받는 저작물이므로
무단전재와 무단복제를 금합니다.

우리가 경험하는 것 중에서 가장 아름다운 것은 신비로운 것이다. 진정한 예술과 과학은 신비로움에 대한 기본 감각에서 출발한다. 신비로움을 모르거나 이상하게 여기지도 않고 놀라지도 않는다면 죽은 사람처럼 눈을 감고 있는 것과 다름없다.

알베르트 아인슈타인

| 차례 |

머리말 놀라운 자연의 세계     10

1 마른하늘에서 떨어진 얼음 폭탄 스페인 작은 마을에 떨어진 메가크라이오미티어     16

2 원형 얼음의 비밀 바이칼 호수에 생긴 수 미터의 원형 얼음     23

3 이틀간 비, 그리고 월요일 주말에 눈과 비가 자주 오는 이유는 무엇일까?     29

4 날씨와 정복자 나무의 나이테로 살펴본 2500년간의 유럽의 기후와 역사     34

5 북극해의 얼음 폭풍 수많은 인명을 앗아간 북극해 허리케인     46

6 바다는 왜 따뜻해지지 않는 것일까 해수 온도 하강에 얽힌 수수께끼     52

7 대서양의 메가급 침강류 바다 한가운데에 수천 미터의 폭포가 존재한다면     59

8 태평양의 거대한 물 언덕 남태평양의 바다가 솟아오르다     67

9 환상의 섬 300년 동안 지도에 표시된 가짜 섬 루페스 니그라     71

10 바다에서 불사조처럼 통가의 화산섬은 늘어날 것인가     78

11 해조류가 구름을 만든다 남반구 해상의 단세포 생물이 날씨에 미치는 영향     86

12 사하라 사막의 거름 효과 사막의 먼지가 열대우림의 나무를 키운다     92

13 델포이의 가스 여사제의 신탁은 신전 아래의 가스와 지하수 때문일까?     97

14 아틀란티스 가라앉은 도시는 어디에 있을까?     103

15 살아서 움직이는 바위의 비밀 캘리포니아 데스밸리의 바위가 움직이고 있다     110

16 베일 속에 가려진 굉음 세계 곳곳에서 울려 퍼지는 미스터리한 굉음     120

**17 태고의 기록** 지구 역사의 비밀을 간직한 버제스 셰일의 암석     126

**18 독일의 무게는 2경 8000조 톤** 지각의 두께와 암석의 무게로 산출한 지구의 무게     134

**19 대륙이동설의 발견** 왜 대부분의 대륙은 북반구에 있을까?     140

**20 보름달, 보름달, 지진?** 지진을 예보하는 과학적, 비과학적 신호들     145

**21 하이청의 기적** 지진 예측의 희망적인 성공 사례     152

**22 라인 강변의 굉음** 지진에 안전한 땅은 어디에도 없다     159

**23 인간이 지진을 부른다** 굴착 공사로 비롯된 200여 건의 강진     166

**24 산이 호수에 빠지다** 최악의 인재가 불러온 바욘트 댐의 재앙     173

**25 유럽의 대재앙** 1500만년 전 유럽을 강타한 운석 비     182

**26 독일 지하의 마그마** 라인 강변에서 화산이 폭발한다면?     188

**27 지옥 불에 바늘을 찌르다** 나폴리의 화산에 구멍을 뚫으려는 시도     195

**28 인류 최대의 위기** 인도네시아 토바 화산 폭발과 인류의 멸종 위기     203

**29 아프리카가 두 조각난다** 화산이 끓고 바다가 밀려들어 오는 아프리카의 지형     209

**30 인류의 운명선 사해 단층이 위험하다** 레바논에서 홍해에 이르는 땅의 균열 현상     217

**31 지하의 화재 경보** 카라쿰 사막의 불타는 구덩이     224

**32 기후게이트** 기후 문제를 둘러싼 열전     234

**참고문헌**     253

|머리말|
# 놀라운 자연의 세계

　거대한 폭포나 협곡 또는 웅장한 자연경관을 볼 때면 감탄을 금치 못하겠다고 이야기하는 사람들이 많다. 하지만 이 말에는 '볼거리에 대한 의미'가 빠져 있는 경우가 대부분이다. 만일 지질학자가 옆에 있다면 우리는 자연의 기적과 함께 그곳에서 무엇을 놓치지 않고 봐야 하는지 설명을 들을 수 있을 것이다. 하지만 과학자들이 자연에 대해 이야기를 하면 사람들은 처음에는 놀라는 눈빛을 짓다가 이내 하품을 하며 지루하다는 표정을 짓기 일쑤이다.

　예전 어느 지질학 교수가 일단의 관광객에게 감동을 주려고 캘리포니아의 산안드레아스 단층(San Andreas Fault, 미국 캘리포니아 주에 있는 대표적인 변환단층으로 세계에서 가장 길고 활발하게 작용하는 지질단층 중 하나—옮긴이)에 대해 열심히 설명한 적이 있다. 산안드레아스 단층은 서아시아의 사해 단층처럼 인류의 역사가 오래전부터 새겨진 곳이다(30장 인류의 운명선 사해단층이 위험하다). 교수가 설명을 시작하자 20여 명의 여행객들이 이 유명한 학자 주위에 빙 둘러서서 기대에 찬 눈빛을 보냈다. "수백만 년 전 이 지역에서 마그마 작용과 관련해 지각을 솟아내는 지각구조 활동이 시작되었습니다."

　하지만 교수가 말을 떼기 무섭게 사람들의 눈에서는 대부분 흥미의 빛이 사라졌다. 5분 정도 지나자 그들은 주위를 둘러보며 다른 볼거리를 찾고 있었다. 사람들은 교수의 말은 안중에도 없고 이미 나들이의 다음 코스를 기대하고 있을 뿐이었다. 어째서 우리는 자연경관에는 감탄하면서도 그것에 대한 설명을 듣는 것은 지루해하는 것일까?

과학자들은 무리를 지어 몰려다니며 일을 하는 경우가 드물다. 특히 지질학자들에게는 그럴 만한 충분한 이유가 있다. 지질학자는 기이한 태고의 모습을 간직한 채 오래전에 파묻힌 대자연의 장관을 발견하는 사람이기 때문이다(17장 태고의 기록). 그리고 대양에서 거대한 폭포의 흔적을 찾는 유일한 사람들이다(7장 대서양의 메가급 침강류). 그들은 마치 보이지 않는 손에 의해 움직인 것 같은 사막에 나뒹구는 바위를 추적한다(15장 살아서 움직이는 바위의 비밀). 또 델포이의 신탁에 얽힌 수수께끼를 풀기도 한다(13장 델포이의 가스).

과학자들은 단서를 붙이기 좋아한다. 과학자들은 사람들이 자신의 연구를 이해하지 못하는 것은 그들이 지나치게 신중한 탓이라고 잘못 해석하는 경우가 있다. 그러나 노벨 화학상 수상자인 어빙 랭뮤어Irving Langmuir는 "40세 정도 된 사람에게 자신의 연구를 설명하지 못하는 과학자는 사기꾼이나 다름없다"라고 경고한 바 있다. 그 분야에 문외한인 비전문가의 입장에서는 과학자는 그저 열심히 방언을 늘어놓는 이국적인 원시인처럼 보일 수도 있다는 것이다.

과학계 내부에서 일어나는 논의에는 당연히 전문적인 개념이나 공식, 수치 같은 것이 뒷받침 되어야 한다. 연구는 정확하게 기록되어야 하고 폭넓은 공감을 얻어내야 하기 때문이다. 안타까운 것은, 복잡하고 어려운 언어 표현 때문에 과학자들이 기록하는 내용이 얼마나 아름다운 것인지 알리지 못하는 경우가 종종 있다는 점이다.

예를 들어 「중력회복 및 기후실험GRACE 위성이 남태평양에서 관측한 사상 최고의 해저 압력」이라는 제목 뒤에 '태평양의 거대한 물 충돌 현상Wasserbeule 발견'이라는 의미가 담겨 있다는 것을 누가 알아차리겠는가(8장 태평양의 거대한 물 언덕). 「전 세계 해양의 표면에 디메틸 설파이드(Diimethyl Sulfide, 상온에서 액체로서 대단히 강한 냄새를 갖는 황함유 화합물의 일종—옮긴이) 집중과 플럭스 분포에 대한 최신 기후학」이라는 연구가 '해초는 바닷물의 온도가 올라가면 대기 중에 그늘을 드리울 구름을 만들어낸다'는 뜻이라는 것을 누가 알아듣겠는가(11장 해조류가 구름을 만든다). 또 「에티오피아Ethiopia의 아파르 Afar에서 막 시작된 해저확장 부분의 암맥 관입Dike Intrusion 비교:지진 활동도의 관점에서」라는 논문이 '아프리카 대륙이 화산 폭발과 지진으로 갈라지고 있다'는 의미임을 알 사람이 얼마나 되겠는가 (29장 아프리카가 두 조각난다). 전문 용어는 마치 두꺼운 지층으로 금맥을 감춘 것처럼 우리의 흥미를 가린다.

어떤 대학이나 연구소를 막론하고 또 기본적으로 어떤 실험실에서도 이와 비슷한 놀라운 이야기가 감춰져 있다. 언론은 워낙 놀라운 이야기를 많이 갖고 있는 곳이 아니냐고 생각할 수도 있을 것이다. 하지만 꼭 그런 것은 아니다. 기자들도 때로는 '엄숙주의'이라는 덫에 빠지기 쉽기 때문이다. 기자들은 복잡한 글을 써놓은 뒤 "독자들은 도전적인 심리가 있기 때문에 기사에 어려운 말이 나오는 것을 오히려 선호할 것이다"라는 구실을 대는 경우가 있다. 어려운 언어가 흥미 위주의 타 언론과 차별화시켜 준다는 평계를 대기도 한다. 이런 태도의 장점이라면, 잘 모르면서도 이해한 것처럼 쉽게 스스로 속아 넘어갈 수 있다는 것뿐이다.

대중이 과학의 영역에 관심을 보인 지는 오래 되었다. 특히 영국과 미국에서는 천문학과 의학, 심리학을 흥미로운 관점에서 서술한 책들이 많이 쏟아져 나오고 있다. 하지만 지질학은 과학에서도 부수적인 역할밖에 하지 못하기 때문에 스포츠 중계에서 하이 다이빙 종목 다루듯 대중매체에서는 비중없이 다룰 뿐이다. '색다른 화젯거리'가 없을 경우에 지질학은 우리가 사는 무대 뒤편에서 일어나는 기이한 이야기 정도로 간주되는 현실이 안타깝다.

이 책『지구의 물음에 과학이 답하다-슈피겔 온라인에 절찬리 연재된 지구의 미스터리 32(원제 Nach zwei Tagen Regen folgt Montag)』은 지질학 연구에 대한 이야기이다. 《슈피겔 온라인Spiegel Online》에 연재되는 동안 독자들의 과분한 사랑을 받은 글이기도 하다. 이 책에는 믿을 수 없이 신비로우며 머리털이 곤두서기도 하고 기지에 차 있는 흥미진진한 이야기들이 가득하다. 나는 이 책에서 과학자들뿐 아니라 정치가들도 관심 가질 만한 이야기를 시작할 것이다.

유럽의 날씨가 따뜻했을 때 일어났던 정복 전쟁, 평일보다 주말에 비나 눈이 더 자주 오는 이유, 텔포이의 가스의 비밀, 바다가 따뜻해지지 않는 이유, 300년 동안 지도에 표기된 가짜 섬들, 지각의 두께와 암석의 무게로 산출한 지구의 무게, 캘리포니아 데스밸리의 움직이는 바위의 비밀, 왜 대부분의 대륙이 북반구에 있는지, 그리고 마른하늘에서 떨어지는 얼음 폭탄에 대한 이야기 등이다. 이 얼음 쓰레기는 우주에서 떨어지는 것도 아니고 테러리스트가 사용하는 것도 아니다. 비행기 화장실에서 떨어지는 것도 물론 아니다. 그럼 이 얼음 폭탄은 도대체 어디서 온 것이라는 말인가? 그 놀라운 자연의 세계로 들어가 보시라!

2011년 겨울 함부르크에서
악셀 보야노프스키

# 1.
# 마른하늘에서 떨어진 얼음 폭탄

**스페인 작은 마을에 떨어진 메가크라이오미티어**

2007년 3월 13일 오전 10시가 조금 지난 시각, 마드리드에서 동쪽으로 20킬로미터 떨어진 메호라다 델 캄포라는 작은 마을에서 사건이 일어났다. 20킬로그램이나 되는 거대한 얼음 덩어리가 창고 지붕에 떨어진 것이다. 얼음 폭탄이 하늘에서 떨어졌다고? 이렇게 맑은 날씨에? 창고에서 일하던 인부들은 분명 누군가 일부러 자신들을 공격한 것이라 생각하고 경찰에 신고했다.

스페인 경찰은 이제껏 듣도 보도 못한 불가사의한 사건과 맞닥뜨렸다. 사건의 경위나 원인은 지금까지도 베일에 싸여 있다. 게다가 증거물의 출처도 알 수 없다.

경찰관들이 범인 대신 경찰서로 끌고 온 것은 커다란 얼음 덩어리였다. 사건은 2007년 3월 13일 오전 10시가 조금 지난 시각, 마드리드에서 동쪽으로 20킬로미터 떨어진 메호라다 델 캄포Mejorda del Campo라는 작은 마을에서 일어났다. 사건 현장에는 20킬로그램이나 되는 거대한 얼음 덩어리가 창고 지붕에 떨어져 구멍이 나 있었다. 얼음 폭탄이 하늘에서 떨어졌다고? 이렇게 맑은 날씨에? 창고에서 일하던 인부들은 분명 누군가 일부러 자신들을 공격한 것이라 생각하고 경찰에 신고했다. 하지만 경찰이나 과학자 모두 그 미스터리를 풀지 못했다. 법의학연구소 조사 결과, 얼음 덩어리 공격은 인간의 짓이 아니라는 것이 밝혀졌을 뿐이다. 더욱 불가사의한 것은 세계 각지에서 이와 비슷한 사례들이 보고되고 있다는 것이다.

마드리드 우주생물학센터 소속의 지질학자인 헤수스 마르티네즈 프리아스Jesús Martinez-Frias 박사는 2002년부터 전 세계에서 이처럼 거대한 얼음 덩어리가 떨어진 사건이 무려 80여 건이나 보고되었으며, 몇십 년 전에도 이와 같은 일이 10여 건 이상 있었다고 말한다. 이 거대한 얼음 덩어리들은 무서운 파괴력을 지니고 있다. 얼음 덩어리의 크기는 대체로 작은 전자레인지만 했지만 벽장만큼 큰 얼음 덩어리가 발견된 적도 있었다.

  2004년 스페인의 톨레도Toledo에서는 400킬로그램이나 되는 거대한 얼음 덩어리가 길을 걷던 여자아이 바로 옆에 떨어지는 바람에 큰 화제가 되기도 했다. 당시 얼음 덩어리가 떨어진 자리에는 커다란 구덩이가 파였다. 헤수스 마르티네즈 프리아스 박사에 따르면 더욱 놀라운 사실은 지구 어딘가에서 이러한 얼음 덩어리가 매일 떨어지고 있다는 것이다. 하지만 이러한 사건들은 목격자가 없으면 알려지지 않은 채 묻히고 만다. 지구상에 사람이 살고 있지 않은 지역이 많다는 사실을 감안하면 얼음 폭탄 피해가 얼마나 될지는 아무도 모르는 일이다.

  헤수스 마르티네즈 프리아스 박사가 붙인 얼음 덩어리의 이름은 더욱 불가사의한 느낌을 준다. '메가크라이오미티어Mega-Cryo-Meteor', 즉 하늘에서 떨어진 커다란 얼음 운석이라는 뜻이다. 그는 이 긴 이름으로 얼음 덩어리를 우박과 구별할 것이라고 덧붙였다. 물방울들이 얼어붙은 두꺼운 구름층에서 생기는 우박과 달리 이 얼음 덩어리는 대부분 맑은 하늘에서 떨어진다. 우박은 수차례 상승기류를 타고 치솟다가 차가운 수증기가 달라붙으면서 점점 커진다. 게다가 우박은 지름이 10센티미터가 넘는 경우는 없다. 메가크라이오미티어와는 비교도 안 될 만큼 작은 크기이다.

  2010년 4월 27일, 독일에서도 놀라운 사건이 발생했다. 오전 10시 17분경 날카로운 바람소리와 함께 요란한 굉음이 들리며 하늘에서 뭔가가 떨어져 뷔르츠부르크 시 헤트슈타트 구의 브렌되르플 Brenndörfl 지역 주민들을 놀라게 했다. 당시 50킬로그램 정도 되는 얼음 덩어리가 유치원생 열다섯 명이 모여 있던 장소 바로 옆에 떨어졌다. 한 주민은 얼음 덩어리가 자기 집 앞에 떨어지는 바람에 22센티미터 깊이의 구덩이가 파였다고 신고했다. 그 바람에 도로가 갈라지고 나뭇가지들이 부러졌다. 사건 당시 몇몇 주민들이 하늘을 올려다보았는데, 하늘에는 뭉게구름 몇 조각이 떠 있을 뿐이었다고 한다. 도대체 무슨 일이 일어난 것일까? 그런데 헤트슈타트에 떨어진 얼음 폭탄은 특별한 경우였다. 원인이 무엇인지 밝혀졌기 때문이다.

당시 기상정보센터에 근무하던 프랑크 뵈처 Frank Böttcher 는 도르트문트에서 테살로니카로 가던 보잉 737-700 비행기가 그날 10시 12분쯤에 마을 상공을 지나고 있었다는 사실을 알아냈다. 뵈처는 이 비행기에서 얼음이 떨어졌다면 10시 17분 바로 전에 떨어졌을 가능성이 있다고 했다.

### 얇아진 오존층이 원인일까?

항공기 전문가들은 항공기 밸브가 기밀하지 않을 때 이러한 얼음 덩어리가 생길 수 있다는 사실을 알고 있었다. 하지만 이처럼 얼음 덩어리가 비행기에서 떨어지는 것은 극히 드문 일이다. 2000

년 1월에 스페인 남부의 한 마을에서는 하늘에서 얼음 덩어리가 떨어져 달리는 차의 창문을 완전히 박살낸 적이 있었다. 당시 마르티네즈 프리아스 박사는 곧바로 항공교통센터에 연락하여 그 지역에 비행기가 지나갔는지 문의했는데, 대답은 "아니요"였다. 어떤 학자들은 작은 개인용 항공기나 군용 항공기가 지나갔을 수도 있지 않느냐는 의견을 내놓았다. 하지만 마르티네즈 프리아스 박사는 이 의견도 부정했다. 그는 비행기가 발명되지 않았던 19세기 초반에도 이미 거대한 얼음 덩어리에 대한 보고가 있었다는 것을 알아냈기 때문이다.

메가크라이오미티어 현상에 대한 학자들의 이런저런 설명들이 점차 설득력을 잃으면서 여러 가설들도 무효화되고 말았다. 그 중에는 얼음 덩어리가 우주에서 날아왔다는 가설도 있었는데, 얼음 덩어리에 대한 동위원소 분석 결과 신빙성이 없는 것으로 드러났다. 물 분자(화학식 $H_2O$)는 출처에 따라 상이한 무게의 수소(H) 원자와 산소(O) 원자로 이루어지는데, 얼음 덩어리를 분석해본 결과 지구 대기권에서 형성된 것으로 밝혀졌기 때문이다. 얼음 덩어리와 비의 동위원소 형태가 같았던 것이다. 그렇다면 이 거대한 얼음 덩어리는 어디에서 온 것일까?

2000년 1월에 스페인의 차를 박살낸 얼음 덩어리에 대한 미국 항공우주국 NASA의 보고서는 어느 정도 타당성이 있는 것으로 보인다. NASA의 위성 데이터를 보면 사건이 있기 며칠 전부터 그 지역의 오존층이 얇아진 것을 알 수 있다.

얇아진 오존층으로 인해 태양광선이 대기의 아래쪽에 더 많이 닿게 되면서 공기층의 상부는 점점 더 차가워지고, 결국 온도 차이로 극단적인 기류가 형성된 것이다. NASA의 데이터를 보면 이 시기에 공기의 습도가 높아졌다는 것도 알 수 있다. 마르티네즈 프리아스 박사는 이런 특수 상황이 거대한 얼음 덩어리를 만들어낼 수 있다고 설명한다. 상공에서 일어난 폭풍이 얼음 조각을 습한 공기 속에 오래 가두어 놓아 얼음 조각이 거대한 얼음 덩어리로 커지게 되었다는 것이다.

한편 이 주장에 회의적인 반응을 보이는 학자들도 있다. "그런 것이 완전히 불가능하다고는 말하고 싶지 않다. 하지만 그것은 거의 불가능에 가깝다."

운석 전문가인 찰스 나이트Charles Knight는 이렇게 언급하며 아무리 오랫동안 차갑고 습한 공기에 싸여 있다 하더라도 커다란 눈송이라면 모르지만 거대한 얼음 덩어리가 만들어질 리는 없다고 반박했다. 이와 같은 반박에 대해 마르티네즈 프리아스 박사조차도 자신의 이론에 확신을 갖지 못하고 모호한 대답을 할 뿐이다.

"9년간의 연구 결과에 따르면 메가크라이오미티어가 극단적인 대기 현상이라는 사실만은 분명하다."

그 이상 더 정확한 것은 현재 알 수 없다. 얼음 덩어리에 대한 혼란스러움으로 인해 다음과 같은 아이러니한 질문이 등장하기도 했다. "그게 진짜일까? 혹시 신이 보낸 것은 아닐까? 아니면 지구온 난화가 원인일까?" megacryometeors.com라는 블로그의 주인이 던진 질문이다.

한편 과학자들은 이 현상을 대단히 심각하게 받아들이고 있다. 마르티네즈 프리아스 박사는 얼음 덩어리 때문에 사람들이 피해를 입거나 얼음 덩어리가 항공기와 충돌하는 일은 이제 시간 문제라고 한다.

다음 장에서 다루게 될 또 다른 신비한 원형 얼음도 과학자들을 혼란스럽게 한다. 물 위에 동그란 얼음판이 생겨나는데, 어떤 것은 폭이 수천 미터에 이르기도 한다. 러시아의 과학자들은 이 거대한 둥근 형상에 대해 놀라운 설명을 하고 있다.

# 2.
# 원형 얼음의 비밀

**바이칼 호수에 생긴 수 미터의 원형 얼음**

바이칼 호수의 바닥에는 천연가스가 매장되어 있다. 또한 호수 바닥에는 땅 속의 가스가 분출할 때 솟아나온 진흙이 쌓인 이른바 이화산이 있다. 그라닌과 그의 동료는 음파를 이용하여 지하에서 900미터까지 분출하는 가스 선을 발견했다. 이들은 이 지점 중 어떤 곳에서는 겨울에 얼어붙은 호수 위로 수천 미터의 원형 얼음이 형성될 수도 있을 것이라고 주장한다.

"정말 이상하군."

19세기에 한 러시아 자연과학자가 얼어붙은 바이칼 호수Baikal Lake 위로 펼쳐진 희한한 현상을 살펴보며 이렇게 말했다. 한겨울 꽁꽁 언 호수에 수 미터에 달하는 하얀 얼음 수갱이 뚫린 것이다. 어떻게 그런 수갱이 생겼는지는 오늘날까지 밝혀지지 않고 있다. 파도가 얼음을 깨뜨리는 것처럼 얼어붙은 수면 위로 점점 깊은 균열이 생기며 얼음이 깨졌지만 수면 위로 물은 보이지 않았다. 꽝꽝 굉음을 내며 얼음이 갈라졌는데, 1882년 원형 얼음을 연구한 한 과학자는 그 소리가 마치 "대포 소리 같았다"고 기술했다.

121년이 지난 2003년 봄, 과학자들은 얼어붙은 바이칼 호의 위성 영상에서 또 한 차례 불가사의한 광경을 발견했다. 호수 빙판 위에 폭이 몇 킬로미터는 됨직한 원이 그려진 것이다. 한 과학자는 "이상한 형태의 원이었다"며 놀라워했다. 과거의 위성사진을 보니 거기에도 원형 얼음이 보였다.

뿐만 아니라 또 다른 곳에서도 이 불가사의한 원형 얼음이 발견되었다. 발트 해에서 이른바 팬케이크 아이스(Pancake Ice, 연엽빙이라고도 하며 극지 바다에 떠도는 원형의 얇은 얼음을 가리킴—옮긴이)가 발견된 것이다. 그 사이 과학자들은 그 원인을 밝힐 수 있게 되었다. 즉, 파도가 일렁이는 해수면에 프러질 얼음(Frazil Ice, 물에 떠 있는, 끝이 뾰족하거나 판자 모양의 얼음—옮긴이)이라고 불리는 연빙층이 생기고, 이 판자 모양의 얼음이 사방에서 서로 부딪히면서 가장자리가 둥그렇게 된다는 것을 알아낸 것이다. 그 모양은 마치 칵테일 잔에 묻히는 소금 데코레이션 같았다.

1995년, 모스크바에서 북쪽으로 120킬로미터 떨어진 마크라 Machra 강에서 러시아인 알렉세이 유스포프Alexey Yusupov가 발견한 장엄한 원형 얼음이 이런 추측을 하게 해주었다. "그 원형 얼음은 기하학적으로 매우 완벽한 형태를 띠고 있었기 때문에 보는 사람들은 입을 다물 수 없었다"라고 그는 당시의 모습을 떠올렸다. 하지만 다음날 그 얼음은 사라지고 없었다. 유스포프는 마을에 사는 한 노부인이 그 전에 구상번개(Ball Lightning, 뇌우가 심할 때 나타나는 공 모양의 번개-옮긴이)를 봤다고 해서 각종 UFO 설이 떠돌았다고 덧붙였다. 하지만 과학자들은 이 현상의 원인도 오랫동안 밝혀내지 못했다. 반면 그동안 또 한 가지 원인으로 추정되는 설이 나왔다. 어떤 강에서 겨울에 자체 축을 중심으로 폭이 몇 미터에 달하는 원형 얼음이 만들어졌는데, 이 얼음이 얼어 있는 수면이 조류로 인해 깨지면서 소용돌이를 이루며 회전하게 된다는 것이다.

그러나 바이칼 호수의 거대한 원형 얼음은 이런 식으로는 생길 수 없다. 과학적으로 설명할 수 없는 현상에는 엉뚱한 억측이 뒤따르기 마련이다. 영국 밀밭의 유명한 미스터리 서클Mystery Circle 또한 오랫동안 외계인의 흔적으로 오해를 받았었다. 혹시 이 원형 얼음은 스케이트 선수가 이상한 모양을 의도적으로 만들거나 스키 선수가 이상한 모양을 만들어낸 것은 아닐까?

이르쿠츠크 호소생물연구소Limnological Institute Irkutsk의 니콜라이 그라닌Nikolai Granin에 따르면 이러한 현상은 주로 늦겨울에 나타난다고 한다. 2009년 4월 4일 NASA 인공위성이 찍은 바이칼 호수 위성사진에는 상당한 크기의 원형 얼음이 나타났다. 그라닌은 동료와 함께 현지에서 이 현상을 조사하기 시작했다. 그는 여러 가지 억측에 종지부를 찍을 수 있을 것이라고 생각했다. 사흘 뒤 이들은 원형 얼음에 구멍을 뚫어 드릴로 여러 겹의 얼음층을 하나씩 벗겨냈다. 그는 원형 얼음 가장자리가 중앙보다 더 얇다는 놀라운 사실을 알아냈다. 그라닌은 중앙에서 멀어질수록 얼음에 더 많은 금이 가 있다는 것도 밝혀냈다.

그라닌과 그의 동료는 얼음 밑의 수온과 조류를 측정한 결과 또 하나의 중요한 사실을 알아냈다. 원형 얼음 아래에서 소용돌이가 일고 있었는데, 가장자리로 갈수록 소용돌이의 속도가 매우 빠르다는 점이었다. 그라닌은 이러한 난류로 거무스름한 원형 얼음이

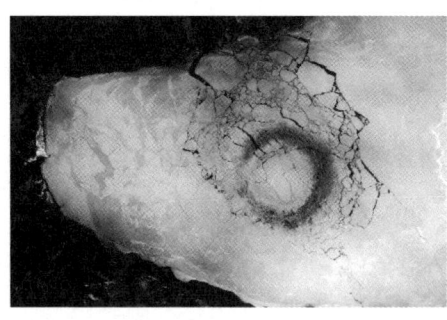

2009년 4월 NASA 인공위성이 찍은 바이칼 호 위성사진.
〈출처:NASA〉

형성된다고 주장했다. 원형 얼음의 가장자리 부분의 얼음이 가운데 쪽의 얼음보다 얇기 때문에 훨씬 더 빨리 깨지고 그 균열 틈새로 물이 들어와서 얼음의 색깔이 거무스름해진다는 것이다.

### 바이칼 호수 바닥에 매장된 어마어마한 천연가스

그러나 아직 풀리지 않는 의문이 하나 남아 있다. 어째서 바이칼 호수에 이런 소용돌이가 생긴 것일까? 그라닌은 바이칼 호수 바닥의 어마어마한 가스 폭발이 소용돌이의 원인일 것이라고 말한다. 바이칼 호수의 바닥에는 천연가스가 매장되어 있다. 따라서 얼음 덩어리에도 일부 천연가스가 포함될 수 있다는 주장이다.

또한 호수 바닥에는 땅 속의 가스가 분출할 때 솟아나온 진흙이 쌓인 이른바 이화산(Mud Volcano, 泥火山)이 있다. 그라닌과 그의 동료는 음파를 이용하여 지하에서 900미터까지 분출하는 가스 선을 발견했다. 이들은 이 지점 중 어떤 곳에서는 겨울에 얼어붙은 호수 위로 원형 얼음이 형성되었을 것이라고 주장한다.

미국 매사추세츠 주 웰즐리 대학Wellesley College의 환경학 박사인 마리안 무어Marianne Moore도 이 러시아 학자들의 주장이 어느 정도 타당성이 있는 것 같다고 말한다. 천연가스는 토네이도처럼 바닥에서 따뜻한 물과 함께 분출하면서 회오리를 일으키며 솟아오를 수 있다는 것이다. 그리고 이 소용돌이가 원형 얼음을 만들어낼 수 있다는 것이다.

이러한 자연 현상을 연구한 결과는 바이칼 호수의 항해에도 영향을 미치게 되었다. 러시아 정부는 원형 얼음이 형성되는 부근의 항해에 정기적으로 경고를 하고 있다. 천연가스가 폭발하여 선박에 있는 화염물질과 접촉할 경우 매우 위험한 상황이 도래할 수 있기 때문이다.

그라닌과 그의 동료들은 계속해서 새로운 위성사진에 관심을 갖고 있으며, 앞으로도 어쩌면 바이칼 호수에 원형 얼음이 생길지도 모른다고 말한다. 하지만 그라닌은 원형 얼음이 바이칼 호수의 마지막 불가사의는 아니라고 덧붙였다. 이 연구진은 또 다른 겨울의 미스터리 자연 현상을 알아보기 위해 다시 떠날 것이다. 도전은 위대하며, 바이칼 호수의 얼음은 수백 년 전부터 풀리지 않은 신비에 둘러싸여 있다.

비단 겨울 날씨만 신기한 것은 아니다. 다음 장에서는 왜 하필 주말만 되면 날씨가 좋지 않은 것인지 그 이유를 다룰 것이다.

# 3.
# 이틀간 비, 그리고 월요일

**주말에 눈과 비가 자주 오는 이유는 무엇일까?**

유럽에서는 토요일과 일요일이 주중보다 온도가 더 낮다는 사실이 밝혀졌다. 온도 차이는 크지 않지만 몸으로 느낄 수 있을 정도이다. 평균적으로 주말에는 주중보다 온도가 4분의 1도 정도 더 떨어지며 더 큰 폭으로 떨어지는 경우도 있다. 게다가 주말에는 배기가스 입자가 햇빛을 더욱 차단해서 특히 토요일과 일요일 대도시 근처 지역은 날씨가 흐릴 가능성이 높다.

자연은 기본적으로 주말이나 평일을 모른다. 물론 1주일이 7일인 것도 모른다. 밤낮의 주기와 계절, 그리고 해류를 조절하는 기후의 변화를 따를 뿐이다. 하지만 날씨 데이터를 보면 기이한 리듬을 발견할 수 있다. 많은 지역에서 주중 날씨보다 주말 날씨가 더 좋지 않은 것이다. 지금부터 이틀 뒤에 비가 온다면 재밌게도 그날은 주말인 경우가 많다.

주말에 날씨가 좋지 않은 것은 자동차나 산업화로 인해 주중에 배기가스 배출량이 늘어나기 때문이라는 해석이 현재까지는 가장 유력하다. 독일에서 측정한 결과, 주말까지 실제로 공기 중에 25퍼센트 정도 더 많은 배기가스 입자가 집결하는 것으로 드러났다. 배기가스 입자는 햇빛을 차단하여 빗방울을 형성하는 데 도움을 준다. 카를스루에 연구소Forschungszentrum Karlsruhe의 도미니크 보이머Dominique Bäumer와 베른하르트 포겔Bernhard Vogel은 1991년부터 2005년까지 날씨 데이터를 분석한 결과 그런 이유 때문에 독일에서는 토요일과 일요일에 비가 더 많이 온다는 이론을 발표했다.

중부 유럽에서 주로 주말에 날씨가 더 흐린 현상은 또 다른 연구 결과로도 입증되었다. 카를스루에 기술연구소Karlsruhe Institut of Technology의 파트리크 라욱스Patrick Laux는 유럽에서는 토요일과 일요일이 주중보다 온도가 더 낮다는 사실을 밝혀냈다. 온도 차이는 크지 않지만 몸으로 느낄 수 있을 정도였다.

평균적으로 주말에는 주중보다 온도가 4분의 1도 정도 더 떨어지며 더 큰 폭으로 떨어지는 경우도 있었다. 게다가 주말에는 배기가스 입자가 햇빛을 더욱 차단해서 특히 토요일과 일요일 대도시 근처 지역은 날씨가 흐릴 가능성이 높다. 독일에는 '아름다운 주말 Wochenend und Sonnenschein, Weekend and Sunshine'이라는 노래도 있지만 이 연구를 보면 사실 아름다운 주말은 맑고 아름다운 화요일보다 드물게 나타난다는 것을 알 수 있다.

이른바 '날씨의 주말효과'는 다른 나라에서도 기상학자에 의해 확인되었다. 미국은 토요일과 일요일 온도가 평일보다 평균적으로 더 낮고, 중국에서는 주말 날씨가 지역에 따라 변화무쌍하다. 하지만 대부분의 나라에서는 광범위한 계산이 아직 덜 되어서 적당한 날씨 데이터 분석이 아직 이루어지지 않고 있다.

주말효과가 어떤 지역에서는 자연의 변덕쯤으로 치부되는 것도 사실이다. 몇 가지 방해가 되는 증거들이 있는데, 바로 아이슬란드와 그린란드의 경우가 그렇다. 이들 나라에는 주중에 배기가스를 거의 찾을 수 없는데도 주말에 비가 더 많이 온다는 사실이 발표되었기 때문이다. 이것은 안개 입자가 간접적으로 영향을 미쳤기 때문으로 보인다. 즉 안개 입자가 온도를 떨어뜨리면서 공기 흐름을 바꾸었기 때문에 배기가스의 배출지로부터 먼 지역에서도 배기가스를 감지할 수 있게 된 것이다. 하지만 해류도 이러한 리듬을 나타낼까?

### 날씨에 큰 영향을 미치는 배기가스

날씨라는 요리의 조리법은 "배기가스가 많을수록 날씨가 나빠진다"라는 단순한 공식으로 설명하기에는 지나치게 복잡하다. 날씨의 주말효과는 배기가스, 바람, 전선의 상호 작용으로 생겨나는 것이기 때문이다. 놀랍게도 스페인과 북미에서는 주말효과가 반대로 나타난다. 그곳에서는 주말에 비가 더 적게 내린다. 그 이유 또한 아이러니하게도 배기가스 때문이다.

전문가들은 배기가스가 비를 억제한다고 말한다. 또한 미세먼지가 공기를 무겁게 만들고 냉각시키기 때문에 이들 나라에서는 주말에 비는 자주 오지 않지만 날씨는 흐린 현상이 나타나고 있다. 구름에서 미세입자 주위로 모이는 물방울이 지상에 비를 내리기에는 너무 작을 것이다. 이 때문에 몇 주 동안 강수량이 감소할 수 있다. 많은 연구 결과에 따르면 북미에서 대기 오염은 심각한 가뭄의 원인이 되기도 한다.

독일에서는 주말효과가 늘 문제가 된다. 최근의 분석 결과, 독일에서는 토요일과 일요일에 주중보다 온도가 더 떨어지고 흐린 것으로 확인되었다. 하지만 취리히 연방공과대학ETH Zürich의 해리 얀 헨드릭스 프란센Harrie-Jan Hendricks Franssen은 주말에 더 많은 비가 내리는 것이 실제로 배기가스와 관련된다는 주장은 입증하기 어렵다고 주장한다.

그는 이른바 몬테카를로법(Monte-Carlo-Method, 난수를 사용해 확률 현상에 의해 근사해를 얻는 방법—옮긴이)을 이용해 마치 카지노의 확률 변수처럼 컴퓨터로 지난 수십 년간의 날씨 데이터를 수십 차례 뒤섞었다. 그 결과 지난 15년 동안 주말 날씨가 좋지 않았던 것은 순전히 우연이라는 결론이 나왔다는 것이다. 이로써 1991년부터 2005년까지 독일에서 주로 주말에 비가 더 많이 내린 현상이 배기가스 때문이라는 보이머와 포겔의 연구는 위협을 받았다. 그러나 보이머와 포겔은 하나같이 주말 리듬을 나타내고 있는 12곳의 독일 관측소를 조사하여 얻은 결과라며 자신들의 주장을 굽히지 않고 있다. 하지만 핸드릭스 프란센 역시 "강우량의 높은 유동성은 입증이 어렵다"라고 말하고 있다. 배기가스에도 불구하고 대서양에서 유럽에 걸쳐진 거대한 강우전선이 날씨를 지배한다는 것이다.

　이러한 주말효과를 연구하는 연구진이 소수에 불과하기 때문에 가까운 미래에 결정적인 증거가 나오기는 어려울 것으로 보인다. 이 주제는 학자들 사이에서 경력에 도움이 될 만한 것으로 간주되지 않는 데다 연구비 후원자들 또한 통계 놀이 정도로 치부하기 때문에 큰 관심거리가 되고 있지 않다. 어쩌면 다음 주말 비 오는 야외 그릴 파티에서 다시 한 번 생각해볼 문제일지도 모른다. 날씨의 영향은 하루를 넘기지 못한다. 그러나 기후 변화는 기근과 민족 이동, 혁명에 영향을 미친다. 다음 장에서는 나이테 기후학으로 중부 유럽 문화사를 고찰할 것이다.

# 4.
# 날씨와 정복자

**나무의 나이테로 살펴본 2500년간의 유럽의 기후와 역사**

기원전 300년경 날씨가 점차 따뜻해지고 비도 비교적 많이 내리면서 기후가 좋아지자 로마제국은 번성하기 시작했다. 기후는 역사학자들이 확인했듯이 로마의 발전에 큰 도움이 되었다. 로마인들의 수확량은 늘어났고 그들은 산야도 경작지로 이용할 수 있게 되었다. 일년 내내 알프스를 넘나들 수 있을 정도로 기온이 따뜻해지자 로마제국은 다른 곳으로 정벌에 나서 북유럽까지 세력을 넓혔다.

한니발Hannibal 장군이 알프스 산맥을 넘은 이야기는 지금도 사람들 입에 오르내린다. 하지만 그 이야기가 진짜일까? 역사책에는 기원전 218년, 한니발이 수천의 기병대와 37마리의 코끼리, 그리고 수만 병의 병사를 이끌고 카르타고Carthago에서 알프스 산맥을 넘어 로마로 진격했다고 기록되어 있다. 이 험한 여정에서 대부분의 코끼리는 살아남았다고 전해진다. 과연 그게 사실일까?

오늘날에 와서야 이 이야기는 설명이 가능하다. 한 연구 결과 지난 2500년간 유럽의 기후 역사가 밝혀졌다. 이 연구에 따르면 기원전 218년 여름은 몹시 더웠다. 따라서 한니발 장군이 알프스를 넘은 이야기는 사실일 가능성이 높다. 이제 다른 역사적 사건도 검증과 입증이 가능하다. 왜 기근과 민족 이동, 전염병과 전쟁이 있었을까? 전부는 아니지만 기후가 이에 중요한 변수로 작용한 것이 사실이다. 역사학자들은 날씨와 기후가 역사적인 변화를 야기한다는 사실을 인정하고 있다.

### 나무의 나이테로 과거의 기후와 역사를 읽다

스위스 환경 연구기관인 연방 삼림·눈·자연연구소WSL의 울프 뷘트겐Ulf Büntgen과 마인츠 대학Universitaet Mainz의 얀 에스퍼Jan Esper의 연구진은 고대 가옥과 나무에서 채취한 약 9000개의 나무토막에서 과거의 기후를 읽어내 세계적으로 유일무이한 역사적 자료를 만들었다. 그들에 의하면 나무의 나이테는 과거의 기후를 알려주는 좋은 자료가 된다. 나무의 줄기는 매년 봄과 여름에 성장을 하면서 나이테를 하나씩 늘려간다. 떡갈나무 나이테의 폭에서 전문가들은 봄과 6월의 강우량을 알아냈고, 낙엽송과 소나무의 나이테에서 여름 기온을 알아냈다.

나무는 봄과 여름에만 성장하기 때문에 다른 계절의 기후는 알 수 없다. 연구진은 그동안 지난 1000년간 나이테의 날짜별 순서를 얻게 되었고, 이로써 각 나이테를 한 해씩 연결할 수 있게 되었다. 뷘트겐 연구진은 동일한 형태끼리 짝을 짓는 기억력 게임과 유사하게 이러한 패턴 순서에 자신들의 나무 발굴물을 접목시켰다.

연구진은 독일과 남부 프랑스 및 예전 하상 지역, 고고학 발굴지 등 여러 지역에서 강우량의 역사를 알아내기 위한 나무토막을 찾아냈다. 반대로 기온 기록물로는 숲 경계에 있는 나무만 기온에 의한 성장을 확인할 수 있기 때문에 이곳의 나무들만 다루었다. 결국 뷘트겐과 에스퍼 연구진은 이 연구에 알프스 지역의 나무밖에 사용할 수 없었다. 그러나 이 데이터는 중부 유럽과 이탈리아, 프랑스, 발칸 반도 지역에도 적용되며 20세기에 측정한 기온과 비교가 가능했다.

연구의 주요 결과는 다음과 같다.

-역사적인 시대는 기후 사이클과 일치한다. 로마제국과 신성로마제국의 전성기는 간빙기(빙기와 빙기 사이의 시기로 비교적 기후가 따뜻했음—

옮긴이)였다. 민족 이동과 흑사병, 30년 전쟁은 혹독한 기후를 보인 시기에 일어났다.

-로마 시대와 고중세 시대에 중부 유럽은 오늘날과 비슷하게 따뜻했다.

-고대와 중세에 중부 유럽의 강우량은 근대에 비해 매년 확실히 더 큰 변화가 있었다.

**기후는 어떻게 역사를 결정지었을까?**

울프 뷘트겐은 "역사학자는 기후와 역사 사이의 정확한 관계를 연구해야 한다"라고 말한다. 연구 결과 날씨와 역사 사이에는 눈에 띄는 유사점이 있었다. 독일과 유럽에서 지난 2500년간 발생한 많은 사건들을 나무 데이터와 직접 연관시켜 설명해 보겠다.

기원전 1000년 중반은 빙하기 이후 가장 추운 시기였다. 오늘날에 비해 최대 2도 이상 더 낮았다. 극심한 전쟁으로 바빌로니아와 미케네 등 많은 나라가 몰락했다. 기원전 300년경 날씨가 점차 따뜻해지고 비교적 비도 많이 내리면서 기후가 좋아지자 로마제국은 번성하기 시작했다. 기후는 역사학자들이 확인했듯이 로마의 발전에 큰 도움이 되었다. 로마인들의 수확량은 늘어났고 그들은 산야도 경작지로 이용할 수 있게 되었다. 일년 내내 알프스를 넘나들 수 있을 정도로 기온이 따뜻해지자 로마제국은 정벌에 나서 북유럽까지 세력을 넓혔다. 그때는 따뜻한 날씨 덕분에 영국에서도 포도를 재배할 수 있었다.

그러나 기원후 4세기부터 기후는 다시 악화되기 시작했다. 중부 유럽과 남부 유럽은 춥고 건조해졌다. 역사학자들은 이 시기를 '민족 이동의 최악의 기후'라고 일컫는다. 특히 훈족의 침략은 게르만족과 고트족 등 많은 민족의 이동을 야기한 것으로 알려져 있다. 기후에 따른 흉작과 기근, 그리고 전염병은 민족의 이동을 더욱 부채질했다. 기온은 떨어지고 강우량은 감소했다. 건기가 늘어나면서 땅은 황폐해지고 경작지는 점점 줄어들었다. 375년 게르만족은 남쪽으로 이동하기 시작했고 로마를 침략했다. 410년 서고트족이 로마를 점령했다. 로마제국은 그렇게 막을 내렸다. 그리고 '암흑시대'가 시작되었다.

한창 꽃피우던 문화는 과거 속으로 사라졌다. 불안과 두려움, 미신과 무지가 시대를 지배했다. 4세기가 지나면서 비가 다시 내리기 시작했고 날씨가 추워지고 빙하가 늘어났다.

536년부터 546년까지 유럽은 최대 위기를 겪었다. 여름 기온이 기록적으로 떨어진 것이다. 울프 뷘트겐은 "우리가 작성한 데이터를 보면 이 시기는 매우 우울한 10년이었다"라고 보고한다. 차가운 바람과 우중충한 날씨는 경작지를 황폐하게 만들었다. 536년에는 오랫동안 하늘이 어둡고 붉은 비가 내렸다는 기록이 남아 있다. 지중해조차도 차가웠다. '536년의 불가사의한 구름'이 기록에 등장하기도 한다. 당대 역사학자인 프로코피우스Procopius는 "일년 내내 태양이 달빛만큼 희미하게 비추었다. 사람을 죽음으로 몰아넣는 불행은 전쟁도 전염병도 아닌, 창백한 태양이었다"라고 썼다. 정오에도 그림자가 지지 않는 창백한 태양이 일년 내내 하늘에 떴다고 한다.

**기후 재앙이 세계적인 정책 변화를 초래하다**

학자들은 중세 초기의 이러한 기후 재앙은 그 시대에 세계적인 정책 변화를 일으켰다고 말한다. 인도네시아와 페르시아, 그리고 남미의 고도 문화가 스러지기 시작한 것이다. 대도시가 몰락하고

지구에서 두 번째로 큰 분화구인 오스트레일리아의 울프 크릭.
약 30만년 전 지구에 떨어진 것으로 추정된다.
〈출처:(CC)de.Benutzur:Kookaburra at wikipedia.org〉

536년 비잔틴 제국에서 반달리즘(Vandalismus, 다른 문화나 종교 예술 등에 대한 무지로 그것들을 파괴하는 행위—옮긴이)이 시작되었다. 뉴욕 컬럼비아 대학Columbia University의 지질학 교수인 댈러스 애봇Dallas Abbot과 엘파소 텍사스 대학University of Texas at El Paso의 크리스티나 섭트Cristina Subt는 오스트레일리아의 해변에서 당시 해가 뜨지 않았던 냉각의 원인을 찾아냈다. 그들은 그곳에서 약 600미터 두께의 운석 분화구를 발견했다.

그들은 운석의 충격으로 불가사의한 구름이 만들어졌다고 주장했다. 북아일랜드 벨파스트 퀸스 대학Queen's University of Belfast의 해양학 교수인 마이크 베일리Mike Baillie는 두 가지 자연 재해가 있었다고 분석한다. 운석에 의한 커다란 화산 폭발이 그중 하나였다. 그로 인해 10년 동안 세상이 짙은 안개에 뒤덮였다는 것이다. 현대에도 이러한 재앙이 반복된다면 세계 핵전쟁과 유사한 결과가 생길 수 있을 것이다.

중세 초기에는 기후가 좋아졌지만 기후 위기는 계속되었다. 자르브뤼켄 대학Universitaet Saarbrücken의 사학과 교수인 볼프강 베링거Wolfgang Behringer는 중세에 유럽 인구수가 사상 최저 수치까지 떨어진 적이 있다고 보고했다. 고고학자들은 중부 유럽에서 버려진 마을을 무수히 발견했다. 화분분석(Pollen Analysis, 퇴적물 중에 들어있는 화분이나 포자를 분석하여 식물의 종류나 생태를 연구하는 방법—옮긴이) 결과, 농업이 크게 쇠락했고 임야가 늘어난 것으로 드러났다. 새로운 기후 데이터가 보여주듯이 그 당시는 매우 궁핍한 시대였다. 그 결과는 끔찍했다. 784년 유럽 인구의 3분의 1이 기근으로 사망했다. 뷘트겐은 "그해 여름은 추웠다. 유럽에서는 기후 악화로 수확만 줄어든 것이 아니라 가축들도 굶주리게 되었다"라고 담담하게 덧붙였다. 흉작은 기근으로 이어졌다. 9세기에는 쉬지 않고 비가 내렸고, 한센병(나병)이 돌기도 했다.

그리고 늑대들이 설치는 시대가 도래했다. 러시아의 기후가 악화되면서 늑대들이 중부 유럽으로 몰려든 것이다. 늑대들은 사람이 살고 있는 마을을 덮쳤다. 베링거는 "덫, 미끼, 사냥 등 온갖 수단을 동원해 늑대와 전쟁을 치렀다"고 설명했다. 카를대제는 모든 백작령에 늑대 사냥꾼을 배치했다. 하지만 늑대의 공격은 끊이지 않았다. 843년, 지금은 프랑스 땅인 작은 도시에 일요일 미사 중 늑대 한 마리가 나타나 주민들을 놀라게 한 적도 있었다. 기후 연구학자인 뷘트겐은 그해의 추위에 대해 이렇게 덧붙인다. "843년은 역사상 어느 때보다 추운 해였다."

10세기 중반에는 기후가 좋아지면서 '중세 기후 최적기'가 시작되었다. 새로운 데이터 분석 결과에 따르면 유럽의 기온은 20세기에 들어설 때와 마찬가지로 점점 올라간 것으로 드러났다. 알프스 수목 한계선은 오늘날보다 더 높았고, 포도도 21세기 초에 비해 훨씬 북쪽에서 재배되었다. 바이킹이 그린란드를 거쳐 아메리카까지 이동하는 탐험의 시대가 열리기도 했다. 농업도 융성하고 기근도 거의 자취를 감추었다. 150년 뒤 유럽 인구는 세 배 가까이 늘어났다. 신성로마제국은 슈타우펜Staufen 황제 시대에 전성기를 맞이했다. 프리드리히 2세Friedrich는 시칠리아에 머물며 철학자, 과학자, 예술가들을 궁으로 불러들여 자유롭게 의견을 나누기도 했다. 아랍에서도 점점 더 많은 학자들이 몰려들었고, 그들은 고대 그리스 로마 시대의 값진 지혜를 보존하고 계승했다. 건축에서는 고딕 양식 대성당의 커다란 창으로 햇살을 마음껏 끌어들였다.

하지만 어떤 역사적 정보는 새로운 데이터를 근거로 의문을 제기하기도 한다. 뉘른베르크의 한 기록에는, 1022년에 한 시민이 "폭염이 심하다. 도로에서 사람들이 일사병으로 죽어나가고 있다"라고 호소했다고 적혀 있다. 역사학자들은 이 시기에 허무맹랑한 종말론이 난무했다는 사실을 잘 알고 있다. 반면 기후학자인 뷘트켄은 "1022년 여름은 특별히 덥지 않았다"라고 말한다. 어쩌면 분석한 나이테의 성장에 반영되지 않을 정도로 그해의 혹독한 더위가 짧았을 수도 있고, 역사에 기록된 폭염설이 한낱 지어낸 이야기일 수도 있다. 하지만 다른 연구에서도 중세 유럽의 기후가 좋지 않았다는 근거들이 나오고 있다. 기록에 따르면 1135년에는 눈에 띄게 강우량이 적었던 것으로 확인된다. 그해에 도나우 강이 거의 바닥을 드러냈다는 기록이 있다. 레겐스부르크 사람들은 낮은 강의 수위를 이용해서 현재 레겐스부르크의 랜드마크인 석교를 지었다. 그 외에 12세기 사람들은 온화한 날씨를 누렸다. 기분 좋은 여름밤이면 들판에서는 연가가 들려오기도 했다.

그러다가 기후는 갑작스레 혹독하게 돌변했다. 1302년 9월 8일부터 9일밤 사이 엘자스(Elsass, 프랑스 명 알자스)의 포도들이 얼어 죽었다. 혹독한 겨울이 지나고 1303년 5월 2일이 되어서야 농부들은 포도나무가 얼어 죽은 것을 목격할 수 있었다. 그 시기의 추위가 얼마나 혹독했는지 상상이 가는 대목이다. 나이테에서 나온 기후 데이터는 유럽 전역에 걸친 어마어마한 재앙을 담담하게 전해줄 뿐이다. 14세기에는 추운 여름과 심각한 강우와 혹독한 겨울이 이어졌다. 그러한 수치 뒤에는 잔혹한 사건들이 숨어 있었다.

1314년 날씨로 인해 수확이 줄어들었다. 1315년이 되자 굶주린 많은 사람들이 개와 말을 잡아먹었다. 1322년에는 10명에 1명꼴로 굶주림에 시달렸다. 1346년과 1347년은 매우 추워서 포도나무가 다시 얼고 곡식들이 여물지 못했다. 허약해진 사람들 사이에서 전염병이 도는 것은 당연한 일이었다. '흑사병'이 유럽 전역에 퍼졌다. 1346년부터 1352년까지 유럽 인구의 절반이 흑사병으로 목숨을 잃었다. 그러나 알프스 남쪽 지방은 기온이 심하게 떨어지지 않았다. 그 때문에 이탈리아에서는 르네상스의 꽃을 피울 수 있었다. 고대 철학자들은 다시 영광을 찾았고 부유해졌으며 국민들은 새로운 자의식을 갖고 귀족과 경쟁하기 시작했다.

그러나 르네상스가 알프스를 넘어오기는 어려웠다. 북쪽은 여전히 춥고 암흑시대였기 때문이다. 그곳에서는 종교의 힘이 점점 더 강해졌다. 교회는 질병과 흉작에 대한 죄를 마녀에게 물으며 여성들을 붙잡아 화형을 시켰다. 1524년 이후, 굶주린 농부들은 점점 심해지는 귀족의 탄압을 견디다 못해 봉기를 일으키기 시작했다. 영국의 로버트 버튼Robert Burton 목사는 16세기 초 자신의 저서 『우울의 해부The Anatomy of Melancholy』에서 춥고 우울한 많은 날들을 기록하기도 했다.

1618년에서 1648년에 걸친 30년 전쟁은 독일을 전쟁터로 만들었고 많은 인구가 죽었다. 17세기 말 유럽은 심각한 기근을 여러 차례 겪었다. 1709년에는 최악의 자연재해가 유럽을 덮쳤다. '1709년의 끔찍한 혹한' 속에서 포르투갈에서는 강이 얼고 야자열매가 눈밭에 굴러다녔다. 유럽 전역에서 물고기들이 얼어 죽고 가축들이 마구간에서 얼어 죽었으며 눈 덮인 초원에는 노루가 죽은 채 널브러져 있고 새들은 돌멩이처럼 바닥으로 곤두박질쳤다. 1710년 여름에는 깡마른 사람들이 양처럼 들판의 풀을 뜯어 먹기도 했다. 그 시기에 절대주의가 기승을 부렸지만 사람들은 체제에 항거할 힘을 갖출 여력이 없었다.

**날씨와 문화의 상관관계**

소빙하기 말쯤이 되어서야 사람들은 새롭게 눈을 뜨기 시작했다. 계몽의 시기가 도래한 것이다. 베렁거는 "기근은 잘못된 관리 때문이라는 것을 알게 되었다"라고 말한다. 농부들은 윤작으로 전환해서 작물을 주기적으로 교대로 재배하면서 땅을 점차 비옥하게 만들었다. 또한 관개시설을 현대화하고 늪지도 경작했다. 도로도 건설하고 둑도 쌓았다. 농업의 혁신으로 사람들은 기근을 물리칠 수 있었다. 베링거는 사람들이 기후 재앙을 통해 교훈을 얻었다고 결론지었다. 그 덕분에 "미신과 종교로 혼란에 빠졌던 취약한 사회가 좋아졌다"고 그는 말한다.

19세기 중반의 기근은 단기적인 기상 악화 때문이었다. 기술 산업의 발전도 큰 도움이 되지 못했다. 20세기에는 따뜻한 기후였음에도 두 차례의 세계 대전이 발발했다. 역사학자들은 기후와 역사가 항상 유사하게 움직이는 것은 아니라고 강조한다. 물론 역사에는 다른 많은 요인들이 작용하지만 기후의 영향도 무시할 수 없다 것을 우리는 알고 있다. 얀 에스퍼는 "날이 추웠기 때문에 전쟁이 일어나지 않았다. 이처럼 기후의 변동이 역사적인 발전을 촉진시킬 수는 있다"라고 덧붙였다.

오래전부터 전문가들은 기후 변동이 미래에 미칠 영향에 대해 논의해왔다. 기후 변화가 다시 재앙을 일으키게 될까? 날이 따뜻해지는 게 꼭 좋은 것일까? 울프 뷘트겐은 "단기적인 기후 변화는 사회에 심각한 영향을 미친다"라고 요약했다. 새로운 데이터는 이러한 관계를 간파하기에 충분한 재료를 제공한다.

# 5.
# 북극해의
# 얼음 폭풍

## 수많은 인명을 앗아간 북극해 허리케인

맑은 하늘에 갑자기 허리케인이 나타나 바다 위를 휩쓸고 갔다는 이야기는 선원들의 허풍이라고만 생각했다. 그러나 그 뒤 과학자들은 북극해 선박 참사의 원인이 불가사의한 북극해 얼음 폭풍 때문이라는 것을 알게 되었다. 1954년 동그린란드 연안에서 하루 동안 7척의 배가 침몰했고 1974년에는 36명의 선원을 태운 어선 갈리아가 실종됐다.

"파란 하늘, 맑은 햇살에 북극해가 평화롭게 반짝인다. 그러다가 갑자기 영하 30도의 차가운 눈보라가 일며 바다가 얼어붙고 부빙이 떠다닌다. 파도가 솟구치고 천둥이 치면서 바다 회오리가 몰아친다. 얼음 폭풍과 검은 얼음 때문에 갑판 작업이 힘들다."

북극해 허리케인Arktis-Hurrikane을 목격한 선장들의 생생한 증언이다. 이러한 현상은 1970년대에 들어와 위성사진에서 그 답을 찾을 수 있었다. 위성사진을 보면 한복판에 눈이 있는 소용돌이 구름이 보이는데, 마치 소형 허리케인 같다.

많은 선박 참사의 원인이 이 북극해 허리케인이라는 추측이 있었다. 1980년대의 한 조사에 따르면 1900년에서 1985년 사이에 총 56척의 선박이 북극해에서 침몰했고, 342명의 선원이 사망했다. 배가 사라진 뒤에도 폭풍에 대해 전혀 알려지지 않은 경우도 종종 있었다. 맑은 하늘에 갑자기 허리케인이 나타나 바다 위를 휩쓸고 갔다는 이야기는 선원들의 허풍이라고만 생각했다. 그러나 그 뒤 과학자들은 북극해 선박 참사의 원인이 불가사의한 북극해 얼음 폭풍 때문이라는 것을 알게 되었다.

1954년 동그린란드 연안에서 하루 동안 7척의 배가 침몰했고 1974년에는 36명의 선원을 태운 어선 갈리아가 실종됐다. 폭풍들은 대부분 육지를 지나며 세력이 약해졌다. 1969년 2월에는 얼음 폭풍이 시간당 218킬로미터로 스코틀랜드를 휩쓸고 지나갔다. 카리브 해 허리케인 중에서 두 번째로 빠른 속도였다. 2003년 1월에는 거센 눈보라가 몰아쳐 영국 공항과 지하철, 학교, 도로, 전기를 마비시켰다.

**차가운 바다에서 벌어지는 과학 논쟁**

풍속 6에서 7에 해당하는 시간당 54킬로미터 이상의 폭풍을 북극해 허리케인이나 한대저기압이라고 부른다. 열대 지방에서는 시간당 풍속 119킬로미터부터 허리케인으로 간주한다.

2012년 8월 6일 NASA의 아쿠아 위성이 촬영한 북극해의 강한 바람.
〈출처:NASA〉

이러한 허리케인이 얼마나 자주 발생하는지 쉽게 산출하기는 매우 어렵다. 한대저기압은 여러 가지 이유로 발견이 어렵다. 북극해 위로는 소수의 관찰 위성이 지나다닐 뿐이며, 배나 비행기에서 측정하는 일은 드물기 때문이다. 게다가 폭풍이 비교적 작고 직경이 300킬로미터 이하이기 때문에 눈보라에 배가 전복되어도 다른 배들은 폭풍우를 전혀 눈치 채지 못하는 경우도 있다. 한대저기압은 한나절 정도 약 15시간 지속되며 낮에 어두워지는 극야 현상이 나타나는 겨울에 대부분 발생한다.

영국 레딩 대학University of Reading의 마티아스 잔Matthias Zahn은 지금까지 대부분의 북극해 허리케인이 발견되었다고 말한다. 그가 독일 게슈타흐트 헬름홀츠 해양연구소Helmholtz-Zentrum Geesthacht의 한스 폰 스트로크Hans von Storch와 함께 계산한 결과, 북극해에서는 주로 10월에서 4월 사이 연간 50~60개의 허리케인이 지나가는 것으로 나타났다.

소형 허리케인은 대부분 하향기류에서 생긴다. 그린란드에서 발생한 이 하향기류는 영하 30도 정도로, 바다를 거쳐 남쪽으로 휩쓸고 지나간다. 그린란드 연안에서 온도가 약 8도인 북해를 지날 때에는 공기가 열에너지로 채워진다. 이때 약 40도 가까이 되는 크나큰 온도 차이로 인해 강력한 추진력이 생긴다. 축축한 바다 공기가 위로 올라가고 곧바로 구름이 형성되며 공기가 끊임없는 상승을 자극하는 에너지를 발산하게 되는 것이다. 동시에 지구의 자전이 구름을 회전하게 만든다. 이러한 작용이 상호 간에 강화되면서, 소용돌이의 눈은 점점 더 많은 공기를 빨아들이게 되고 이 공기량은 점점 더 빠른 속도로 휘돌게 된다.

하지만 잔과 스트로크는 앞으로는 북극해 허리케인의 동력원이 사라지게 될 것이라고 주장했다. UN의 기후 예측을 계산하는 컴퓨터 모델을 이용해서 최대 2100년까지 북극해 양상을 시뮬레이션한 결과, 앞으로는 기후온난화로 인해 점점 몸집이 큰 대형 허리케인은 줄고 더 작은 소형 허리케인이 발생할 것으로 예측되었기 때문이다.

자동차와 가정집, 발전소, 공장 등에서 발생한 온실가스는 공기 중에 급격히 증가한다. 기후가 점점 따뜻해지면 공기는 바다보다 더 빨리 가열된다. 차가운 그린란드 하강 기류와 바다 간의 온도 차이는 거의 2도 가량 줄게 되므로 폭풍을 일으키는 힘도 줄어들게 된다. 따라서 과학자들은 세기말에는 60개가 아니라 북극해 허리케인이 절반으로 줄어들 것이라고 예측하고 있다. 하지만 겨울에는 당분간 한 달에 10개 정도의 소용돌이가 발생할 것으로 추정하고 있다.

북극해 허리케인의 영향을 연구한 노르웨이 베르겐 대학 University of Bergen의 에리크 빌헬름 콜스타Erik Wilhelm Kolstad 역시 보다 우수한 경고 시스템이 필요하다는 데 동의한다. 북극해에는 점점 더 많은 선박이 지나다니고 있으며 수많은 인공섬이 자리하고 있다. 위성 관찰이 이루어지는데도 불구하고 북극해에서는 선원들이 맑은 날씨에 출항했다가 곧바로 얼음 폭풍을 만나 놀라는 일이 늘고 있다.

차가운 바다는 폭풍을 일으킬 뿐 아니라 과학적인 논쟁도 자극할 수 있다. 다음 장에서는 모든 기후 예측에도 불구하고 왜 바다가 더 이상 따뜻해지지 않는지 과학자들의 의견이 제시된다.

# 6.
# 바다는 왜 따뜻해지지 않는 것일까

**해수 온도 하강에 얽힌 수수께끼**

기본적으로 바다는 에너지의 90퍼센트를 집어삼킨다. 바다는 최대의 열 저장고인 셈이다. 수심 3미터 정도에서는 전체 지구 대기만큼의 열을 보유하고 있다. 늘어나는 복사 에너지가 바다로 가는 것이 아니라면 대체 어디로 가는 것일까? 왜 바다는 따뜻해지지 않는 것일까?

아침에 바닷가를 산책해 본 사람이라면 세계 기후온난화를 직접 목격할 수 있을 것이다. 아침 바다에는 안개가 피어오른다. 차가운 밤공기가 따뜻한 바다 위를 지나며 해수 온도가 높아질수록 더 많은 물안개가 피어오른다. 하지만 느낌으로만 판단해서는 안 된다. 해수 온도는 실제로 더 이상 상승하고 있지 않기 때문이다.

2003년 이후 전 세계의 평균 해수 온도를 관찰해보면 수온 상승이 멈춘 것으로 보인다. 그렇다면 에너지는 전부 어디로 숨은 것일까? 공장, 자동차, 발전소는 태양 복사 에너지를 대기에 흡수해서 온도를 상승시키는 온실가스를 매년 더 많이 배출하고 있다. 이처럼 해수 온도 상승을 가속화하기에 충분한 온실가스가 있다는 것이 입증되고 있다. 기본적으로 바다는 에너지의 90퍼센트를 집어삼킨다. 바다는 최대의 열 저장고인 셈이다. 수심 3미터 정도에서는 전체 지구 대기만큼의 열을 보유하고 있다. 늘어나는 복사 에너지가 바다로 가는 것이 아니라면 대체 어디로 가는 것일까?

지난 수십 년간 바다의 온도가 상승했고, 해수면의 상승 등 여러 가지가 입증됨으로써 과학자들은 그 사실을 의심하지 않았다. 하지만 2003년 이후의 추이는 전문가들에게 수수께끼를 남겼다. '해수 온도의 하강'을 둘러싼 논쟁이 이어졌고 전문가들은 이를 'Missing Heat' 현상이라고 부른다.

예전에 한 기후연구소에서 발송한 이메일을 해킹해 대중에게 공개한 사건이 있다. 이른바 기후게이트 사건이다. 이때 드러난 이메일에서 미국 국립대기연구센터National Center for Atmospheric Research 의 기후 분석가 케빈 트렌버스Kevin Trenberth는 이 수수께끼에 대해 "우리가 설명할 수 없다는 사실이 부끄럽다"라고 동료에게 전하고 있다. 그의 이메일은 큰 화제가 되었는데, 그의 이메일로 유추해 보건대, 기후 분석가들은 공개적인 언급에 비해 실상 기후온난화가 크게 설득력이 없는 것으로 믿고 있는 듯하다.

### 에너지는 어디로 가는 것일까

장기적인 추세로 보면 해수 온도가 상승하고 있다는 데는 논란의 여지가 없다. 하와이 대학의 존 리먼John Lyman은 1993년 이후 수심 700미터 이상의 바다에서 입방미터당$m^3$ 0.5와트Watt의 에너지를 추가로 저장했다고 한다. 이는 지구상의 70억 인구가 한 명당 100와트 전구를 500개 켤 수 있는 전력에 해당한다. 그에 따르면 해수의 온도는 1.5도 상승했고 이 값은 예측과 맞아떨어진다.

네덜란드 왕립 기상연구소Royal Netherlands Meteorological Institute(KNMI)의 카롤린 카츠만Caroline Katsman과 올덴보르그Oldenborgh는 온도 상승이 멈춘 것은 자연적인 기후 변동의 문제라고 주장한다. 두 기상학자들은 컴퓨터에서 기후온난화를 추적했는데, 이 시뮬레이션에 따르면 바다는 다년간 해수 온도 휴지기에 들어선 것으로 보인다. 따라서 해수 온도의 하강 현상은 온난화 추세에 따른 당연한 휴지기에 불과하다는 것이다.

그러나 미국 콜로라도 대학University of Colorado의 기후 전문가 로저 피엘크Roger Pielke jr.는 이러한 주장에 불만을 나타내며 반박하고 있다. 설령 이러한 변동이 있다고 해도 더 심해지는 온실효과로 인해 자연에 숨어 있는 에너지가 어디에 머무는 것인지 설명할 수 있어야 한다는 것이다.

과학자들은 현재 네 가지 가능성에 중점을 두고 있다. 첫 번째 가설은 심해의 온도가 올라간다는 것이다. 킬Kiel에 있는 라이프니츠 해양과학연구소IFM-Geomar의 마틴 비스벡Martin Visbeck을 중심으로 한 연구진은 이 '해수 온도 하강'의 수수께끼가 실제로 측정에 결함이 있기 때문이라고 주장한다.

어쩌면 측정이 거의 불가능한 심해 온도는 상승했을지도 모른다고 그들은 주장한다. 측정부이(Messbojen, 계선 부표)는 수심 2000미터까지의 데이터만 제공할 뿐 그 이하의 데이터는 제공하지 않는다. 그래서 실제로 나머지 공간에 대해서는 추정을 할 수밖에 없다. 교과서식 설명대로라면 심해와의 열 교환에는 수백 년이 걸리기 때문에 이 시나리오에는 문제가 있다.

한편 피엘크도 열이 심해로 순환될 수밖에 없다는 사실을 인정한다. "그렇다면 왜 심해 수온 상승을 측정하지 않을까?"라고 그는 의문을 던진다. 마틴 비스벡은 더 많은 연구를 할 필요가 있다고 말한다. 알프레드 베게너 연구소Alfred-Wegener-Institut(AWI)의 해양

연구원인 에버하르트 파바흐Eberhard Fahrbach 또한 측정이 매우 부정확하다고 털어놓았다. 특히 남반구에서는 2002년까지 실제로 배에서 산발적으로 바다에 투척한 소위 일회용 온도계로 이루어진 빈약한 측정이 전부였다. 1992년 이후 위성이 동원되었지만 위성은 해수면만을 측정한 데이터를 제공했을 뿐이다.

  두 번째 가능성은 측정부이가 잘못되었다는 가정이다. 2003년부터 다수의 부이가 바다를 광범위하게 관찰하고 있다. 지금은 3200개 이상의 부이가 바다 위를 떠다니고 있다. 라이프니츠 해양과학연구소의 해양연구원인 모집 라티프Mojib Latif는 부이가 신뢰할 수 있는 데이터를 제공하기까지 몇 년이 더 걸릴 것이라고 말한다. 십중팔구 기후 시스템의 에너지 수지가 일어나고 있다는 이야기이다.

  세 번째 가능성으로 대기의 태양 에너지의 흡수가 잘못 계산되었다는 주장이 있다. 함부르크 대학Universitaet Hamburg의 기후학자인 데트레프 슈타머Detlef Stammer는 온실효과에 관한 위성 측정 시에도 고려할 수밖에 없는 불확실성이 있다고 한다. 복사 수지에 관한 불확실성과 의문점이 크기 때문에 해수 온도는 전혀 중요한 문제가 아닐 수도 있다는 것이다. 어쩌면 복사 에너지는 대기와 바다의 온도 상승에 큰 영향을 미치지 않고, 우리가 생각하는 것보다 더 많이 우주로 반사되고 있을지도 모른다는 것이 그의 주장이다.

  네 번째는 단기적인 기후 변동이 마치 해수 온도가 하강하는 것

같은 착각을 불러일으킨다는 주장이다. 기후는 원래 변동하기 때문에 단기적으로 상승 또는 하강하는 것이 정상이다. 하지만 기후 전문가 트렌버스의 생각은 더 타당성이 있어 보인다. 그에 따르면 모든 변동에도 불구하고 단기간 동안 복사 수지를 올바로 산출할 수 있다고 한다.

'해수 온도 하강'의 수수께끼는 아직 풀리지 않은 채 남아 있다. 트렌버스는 추가 에너지가 어디에 남아 있는지 그 의문이 풀리지 않는 한, 데이터를 믿을 수 없을 것이라고 덧붙인다. 트렌버스뿐만 아니라 라이프니츠 해양과학연구소의 마틴 비스벡도 기본적으로 이 입장에 동의한다. 그에 따르면 기후의 에너지 수지는 일어나지 않고 있다는 것이다.

로저 피엘크는 "해수 온도 하강의 수수께끼는 기후학자들을 다시 한 번 딜레마에 빠뜨리고 있다"고 말한다. 학계를 비방하기 위해서 연구 결과의 불확실성을 이용하고자 하는 이들도 있었다. 이러한 압력이 결국 기상학자들로 하여금 불확실성에 대해 침묵하게 만들었다고 할 수 있다. 파바흐의 부연 설명에 따르면 결과를 빨리 공표해야 한다는 요구와 데이터를 먼저 면밀히 조사하고 싶은 욕구 사이에서 갈등을 하게 된다는 것이다. 그는 정확한 측정을 위해서는 시간이 필요하기 때문에 대중들에게 인내심을 갖고 기다려 달라고 호소하고 있다.

과학자들이 바다의 다른 수수께끼를 푸는 데도 우리는 역시 인내심을 갖고 기다릴 필요가 있다. 과학자들은 수십 년 전부터 북대서양의 거대한 침강류(Wasserfälle, 해류가 수렴하거나 밀도가 주변보다 높아져 발생하는 표층수가 아래쪽으로 이동하는 흐름)를 찾아왔다. 그곳에서 어마어마한 양의 해수가 아래로 이동하고 있다고 한다. 하지만 그 거대한 침강류를 본 사람은 아무도 없다. 다음 장에서 연구진은 최초의 수직 소용돌이를 입증하고 있다. 그것이 메가급 침강류의 한 종류일까?

# 7.
# 대서양의 메가급 침강류

**바다 한가운데에 수천 미터의 폭포가 존재한다면**

바다 한가운데에 있는 낙하 소용돌이를 찾기는 쉽지 않다. 일부 과학자들은 이 낙하 소용돌이가 거대한 해양 순환의 모터 역할을 한다고 주장한다. 이 낙하 소용돌이가 모터가 되어 대양 컨베이어 벨트를 돌아가게 한다는 것이다. 태양이 해수면을 가열하는 열대 지역에서 생기는 멕시코 만류도 이를테면 이러한 열염순환에 해당한다는 것이다.

그린란드(Greenland, 캐나다, 아이슬란드와 국경이 접해 있으며 북반구 북단에 위치한 세계에서 가장 큰 섬)와 노르웨이 사이, 그리고 뉴펀들랜드(Neufundland, 캐나다 동쪽 끝 래브라도 반도 남쪽에 있는 섬) 연안의 바다 한가운데에서는 매우 놀라운 일이 일어나고 있다. 해수면에서 바다으로 다량의 물이 수직으로 떨어지고 있는 것이다. 학자들은 그 깊이가 수천 미터는 된다고 믿고 있다. 모든 강이 전부 바다로 씻겨나가는 것보다 스무 배는 더 많은 양의 물이 욕조의 배수구처럼 심연으로 떨어지고 있다는 것이다. 이 이론은 확실한 것으로 받아들여지고 있다. 과학자들은 이를 기초로 해서 멕시코 만류(Gulf Stream, 멕시코만으로부터 북아메리카의 동해안을 따라 북동쪽으로 흐르는 경계류— 옮긴이)와 기후를 예측한다.

문제는 지금까지 이 거대한 침강류를 본 사람이 아무도 없다는 것이다. 침강류를 찾는 기간이 길어질수록 이 주장은 점점 더 미궁 속으로 빠져들고 있다. 막스-플랑크 기상학연구소Max-Planck-Institut für Meteorologie의 원장이자 해양학자인 요헴 마로츠케Jochem Marotzke는 "어디에서 어떻게 물이 가라앉고 있는지 우리는 전혀 모른다"라고 말한다. 거의 100년 가까이 바다까지 탐사하는 연구선이 그 지역을 지나다녔지만 아주 작은 하류 소용돌이만 확인했을 뿐이다. 래브라도(Labrador Sea, 캐나다의 래브라도 반도와 배핀섬 및 그린란드로 둘러싸인 해역) 해와 그린란드에서만 아마존 강의 150배에 해당하는 많은 양의 물이 심연으로 흘러내려 가고 있다는데, 그곳에서는 지금까지 작은 실개천밖에 찾지 못했다.

함부르크의 해양학자인 데트레프 슈타머는 "수직 소용돌이는 작아서 실제로 직접 측정할 수 없다"라고 말한다. 적시적소에 측정기를 동원해야 하는 어려움이 있다는 주장이다. 슈타머의 동료인 데트레프 쿠바드파젤Detlef Quadfasel은 물이 흘러내려 가는 일은 아주 드물고 침강 지역이 바뀌는 것도 탐색을 어렵게 하는 요인이라고 덧붙였다.

낙하 소용돌이를 찾기 어렵다는 사실이 조금은 이상하게 들리지만 어쨌든 이 낙하 소용돌이가 거대한 해양 순환의 모터 역할을 한다는 것이 그들의 주장이다. 이 낙하 소용돌이가 모터가 되어 대양 컨베이어 벨트를 돌아가게 한다는 것이다. 태양이 해수면을 가열하는 열대 지역에서 생기는 멕시코 만류도 이를테면 이러한 열염순환(Thermohalinen Zirkulation, 밀도차에 의한 해류의 순환—옮긴이)에 해당한다는 것이다.

### 바다 폭포와 멕시코 만류의 이동

열대 지방에서 북극해로 가는 길은 끝없이 멀다. 바람이 동력을 만들고 지구 자전으로 조향이 이루어지면서 멕시코 만류는 적도에서 북쪽 방향으로 바닷물을 나른다. 어느 정도의 속도로 바닷물이 이동하는지 컴퓨터 시뮬레이션으로 알아보니 미국 플로리다에서 서유럽까지 유리병에 든 편지가 도착하는 데 24개월이 걸렸다. 실제로 대부분의 유리병이 그곳에 도착하려면 훨씬 더 긴 시간이 필요하다. 2년 반이 지난 뒤에도 어쩌면 중부 대서양 어딘가를 떠다니고 있을 것이다. 바닷물은 컨베이어 벨트처럼 균일하게 직선으로 적도에서 북쪽으로 이동하는 것이 아니기 때문이다. 지구 자전은 바닷물을 원형으로 돌게 만들며 조류에서 소용돌이가 생긴다. 멕시코 만류는 구불구불하게 흐르며 2주 이내에 수백 킬로미터를 이동한다. 이때 북쪽 방향으로 갈라진 흐름은 약해진다. 일부는 남쪽으로 갈라져 카리브 해 방향으로 향한다.

반대로 북쪽 멕시코 만류는 흐름이 계속 퍼지는데 이를 북대서

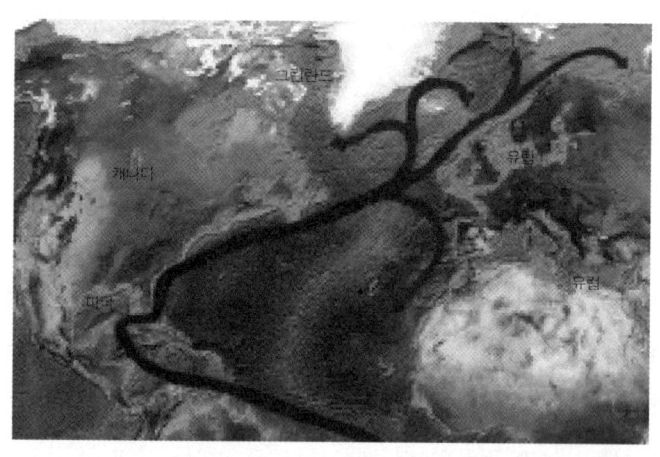

멕시코 만류의 이동 모습.〈출처:(CC)RedAndr at wikipedia.org〉

양 해류(Nordatlantikstrom, 일반적으로는 멕시코 만류가 연장되어 흐르는 것으로 알려져 있다. 흐르는 해역은 대체로 북해 일대가 그 중심지이고, 남쪽으로는 포르투갈 근해까지, 북으로는 노르웨이 북부 북위 70도 근해까지 영향을 준다—옮긴이)라고 부른다. 이 북대서양 해류가 어디를 지나는지는 명확치 않지만 북부 북대서양에서는 이 해류가 지난다고 한다. 어쨌든 염분을 함유한 물은 급속하게 식으며 밀도가 커지고 무거워져 결국 깊은 심연으로 가라앉게 된다. 그리고 이처럼 해저에 가라앉은 상태로 남쪽으로 흐른다.

이 해류는 멕시코 만류를 북쪽으로 이끌면서 북유럽과 중부 유럽에서 온화한 기후를 조성한다. 만약 바다의 열대성 열에너지가 없다면 이 지역은 시베리아처럼 추웠을 것이다. 오랜 관점에서 볼 때, 바다의 컨베이어 벨트가 간빙기와 빙기를 결정한다고 할 수 있다. 이 이론을 확인하기 위해서 연구진은 매복을 하면서까지 침강류를 찾아내려고 애를 썼다. 음파를 내보내고 반향을 기록하는 프로브(대상물의 계측 내지 탐사의 목적으로 사용되는 침상의 장치—옮긴이)를 선박에서 바다에 설치했다.

경찰차가 달리는 속도에 따라 사이렌 소리가 달라지는 것과 마찬가지로 낙하하는 물에서는 음파가 확장된다. 이 장치는 10분마다 측정을 하며 적어도 3년 정도는 안전하게 유지된다. 측정 결과 침강류의 작은 소용돌이가 여기저기에서 기록되었다. 초당 몇 센티미터의 물줄기가 떨어지는 몇백 미터 폭의 침강류들이었다. 쿠바드

파젤은 "단지 플랑크톤이 심해까지 내려갈 뿐 커다란 생명체나 선박에는 위험이 없다"고 주장했지만 이 주장의 배경에는 몇 가지 측정에서 나온 데이터가 전부일 뿐이라는 이야기를 덧붙였다.

여기서 지배적인 이론은 멕시코 만류를 움직이기 위해서는 어마어마한 양의 바닷물이 가라앉아야 한다는 것이다. 어쩌면 인류의 핵 실험이 이러한 침하를 부추겼을 수도 있다. 1950년대와 1960년대는 핵무기 실험에 열을 올렸고, 핵 실험으로 인해 방사성 물질인 삼중수소가 바다로 떨어졌다. 멕시코 만류는 이것을 북쪽으로 운반하여 그곳에서 3000미터 이상의 해저까지 가라앉혔다. 1980년대 초에 이 삼중수소는 다시 남반구까지 돌아왔다. 세계 대양의 교류 과정이 세계 해양 순환 이론을 입증한 것이다.

곧이어 해양학자 월러스 브뢰커Wallace Broecker는 순환이 매우 예민할 수밖에 없다는 사실을 깨달았다. 단지 몇 퍼밀(Promille, 1000분의 1을 나타내는 단위—옮긴이)에 불과한 소금만으로도 유럽의 원격 난방이 결정되기 때문이다. 북대서양에 너무 많은 강수가 희석되면 물은 침강에 필요한 중량을 잃어버리게 되고 결과적으로 소용돌이가 멈추게 된다.

2004년에 상영된 〈투모로우The Day After Tomorrow〉라는 영화는 이러한 현상을 대중에게 알렸다. 영화에서는 북대서양 해류가 멈추면서 유럽에 빙하기가 닥친다. 그리고 이 설은 불과 1년 뒤 실제로 일어나는 것처럼 보였다. 영국의 과학전문지 《네이처Nature》에서 멕시코 만류가 전보다 3분의 1 정도 적은 양의 바닷물을 북쪽으로 운반하고 있다고 경고한 것이다. 이는 1957년부터 2004년까지 다섯 번에 걸쳐 카나리아 제도 높이에서 해수면 흐름을 측정한 탐사 데이터를 토대로 한 결과였다.

### 멕시코 만류가 이동을 멈추면 큰 기후 재앙이 올 지도 모른다

그러나 여기에는 오류가 있었다. 과학자들이 우연히 좋지 않은 시점에만 측정했던 것이다. 검사 결과, 북쪽으로 흐르는 물의 양은 큰 변동이 있을 수 있는 것으로 나타났다. 주말쯤 되면 주초보다 9배 정도 커질 수 있다. 많은 해양연구가들은 《네이처》가 이 연구를 발표한 사실에 놀라움을 금치 못했다. 그 기사의 타당성은 예컨대 심해에서 나온 데이터로 먼저 입증했어야 옳았을 것이다. 이에 대해 킬의 한 해양학자는 적어도 자신들에게 한 번쯤 자문을 했으면 좋았을 것이라고 아쉬움을 표했다. 이것은 지식의 허점을 단적으로 보여준 소동이었다.

2007년 해양학자들은 멕시코 만류의 중단을 다시 입증했다. 이번에는 간접적인 측정을 기반으로 한 경고였다. 여러 심해에서 온도와 염분 함량이 비슷해져 멕시코 만류가 일어나지 않는다는 주장이었다. 이것은 최악의 시나리오가 될 수도 있다. 계속되는 가열로 그린란드의 빙하가 녹을 수도 있으며, 빙하가 녹은 물은 염수보다 가볍기 때문에 래브라도 해의 바닷물을 희석시킬 수 있다. 그 결과 물이 충분히 무거워지지 못해서 가라앉지 않게 된다. 따라서 멕시코 만류가 멈추게 된다는 것이다. 그러나 실제로는 정반대의 상황이 일어났다. 2007년과 2008년 겨울 래브라도 해의 물이 수심 2000미터까지 섞여 뉴펀들랜드 연안의 멕시코 만류 엔진이 최상의 컨디션이 된 것이다.

이에 대해 듀크 대학Duke University의 수잔 로지어Susan Lozier는 바다에 관한 우리의 많은 가정을 재고할 수밖에 없을 것이라고 언급했다. 2010년 봄 NASA 제트추진 엔진연구소의 조쉬 윌리스Josh Willis도 멕시코 만류의 중단을 암시하는 징후는 없다는 의견을 내놓았다. 지구온난화에도 불구하고 오히려 1993년 이후 흐름은 20퍼센트가 강화되었다고 한다. 킬에 있는 라이프니츠 해양과학연구소의 마틴 비스벡은 이 흐름은 해저에서 변함없는 힘으로 남쪽으로 흘러가고 있다고 말한다. 이러한 순환을 유지하기 위해서는 많은 양의 물이 심해와 잘 교류되어야 한다고 한다. 하지만 침강류의 정확한 위치는 오늘날까지 밝혀지지 않고 있다.

지구의 수수께끼는 바닷속 깊은 곳에서만 있는 것이 아니다. 해수면도 여전히 풀리지 않는 의문을 안고 있다. 남태평양에서는 어마어마한 면적의 바다가 몇 개월간 솟아오른 일이 있었다. 다음 장에서는 이 거대한 물 언덕에 대해 다룰 것이다.

# 8.
# 태평양의 거대한 물 언덕

**남태평양의 바다가 솟아오르다**

고정된 대륙과 달리 바다는 중력에 따라 변한다. 인도 연안은 다른 곳보다 지구의 중력이 더 낮기 때문에 해수면이 평균치보다 120미터 더 낮다. 따라서 이 지역에서는 바닷물을 더 많이 끌어들인다. 그러나 이곳을 지나는 선원들은 이러한 현상을 전혀 눈치채지 못한다. 해수면이 낮은 지대를 육안으로는 확인할 수 없기 때문이다.

기상의 변화는 바다에서 소용돌이를 일으킨다. 파도가 치고 물살을 밀어내며 물을 증발시키기도 한다. 또한 해수면을 상승시키기도 하는데, 장기간에 걸쳐 해수면이 대규모로 상승하기도 한다. 남태평양에서는 2009년 10월부터 2010년 1월까지 고기압권에서 호주 면적에 해당하는 크기의 해수면이 약 10센티미터 정도 상승했다. 위성으로 거대한 물 언덕을 발견한 캘리포니아 기술연구소(California Institute of Technology, Caltech)의 카르멘 보닝Carmen Boening과 그의 동료들은 이러한 해수면 상승은 기록적이고 어이없는 수치라고 말한다. 기후로 인한 해수면 변동은 일반적으로 최고 1~2센티미터 정도에서 이루어진다. 보닝은 "관찰된 수치는 다섯 배 정도 더 높았다"라고 덧붙였다.

물 언덕은 지구 중력장 탐사 위성인 기후실험 위성GRACE과 고스 위성GOCE에 힘입은 많은 발견 중 하나이다. 중력이 더 높은 지역은 프로브가 가속화되기 때문에 과학자들은 지구 중력의 변화를 나타낸 정확한 중력지도를 만들 수 있었다. 산과 대양, 분지 없이 지구를 찰흙처럼 빚는다고 가정할 때 이 지도는 지구의 형태를 나타낸다. 각 지역을 지배하는 중력의 세기에 따라 지구 표면의 형태가 달라지는 울퉁불퉁한 감자 같은 모양이 될 것이다.

이때 중력이 더 높은 지역은 불룩 튀어나오고 반대로 중력이 낮은 곳은 움푹 파일 것이다. 특히 지구 내부에 있는 암석은 중력 차이를 유발한다. 암석이 클수록 중력이 커진다. 광상(Bodenschätze, 경제적으로 개발할 가치가 있는 광물 자원—옮긴이)과 마그마, 지구판의 이동 또는 지하수는 중력의 가속도를 변화시킨다. 고스 위성은 이와 같은 변동을 세밀하게 보여주는데, 센서의 기능이 매우 뛰어나 100만분의 일의 100만분의 일 차이까지도 감지한다. 고스 위성은 컨테이너 선박에 떨어지는 비 한 방울의 힘까지도 측정이 가능할 것이다. 이 새로운 데이터는 무엇보다도 바다의 흐름을 알려주는 좋은 자료가 되고 있다.

**지구의 중력이 낮으면 바닷물을 더 많이 끌어들인다**

고정된 대륙과 달리 바다는 중력에 따라 변한다. 인도 연안은 다른 곳보다 지구의 중력이 더 낮기 때문에 해수면이 평균치보다 120미터 더 낮다. 따라서 이 지역에서는 바닷물을 더 많이 끌어들인다. 그러나 이곳을 지나는 선원들은 이러한 현상을 전혀 눈치 채지 못한다. 해수면이 낮은 지대를 육안으로는 확인할 수 없기 때문이다. 또한 해수면에는 동일한 중력 퍼텐셜(Gravitational Potential, 지구 중력의 물리학 이론에서 장을 기술하는 데 중요한 구실을 하는 개념인 퍼텐셜을 말한다—옮긴이)이 지배하고 있기 때문에 배는 힘들이지 않고 이렇게 움푹 들어간 지역을 지나갈 수 있다. 지구 중심에서 그곳으로 한 대상을 들어 올리기 위해서는 동일한 에너지가 소모될 수밖에 없다.

물은 가변성이 있기 때문에 중력에 맞게 조정된다. 태평양의 거대한 물 언덕 현상이 보여주듯이 단기적인 기후 변화는 해수면을 상승시키거나 하강시킨다. 이러한 융기를 알아차리기 위해서 과학자들은 고스 위성과 그레이스 위성의 현재 측정 결과를 이전의 중력지도와 비교한다.

기후 지도에서도 거대한 해수면 상승의 원인을 발견할 수 있었다. 그곳은 주로 안정된 고기압 날씨를 보였다. 바람은 오랫동안 고기압 지대를 둘러싸고 항상 시계 반대 방향으로 불었다. 보닝에 따르면 바람이 오랫동안 매우 세게 불었다고 한다. 바람이 물을 몰아가면서 해류가 고기압 지대를 둘러싸고 항상 같은 방향으로 흐른 것이다. 거기에 지구의 자전도 원형으로 회전하게 하는 데 한몫했다. 원의 내부에는 물이 정체되고 따라서 해수면이 6센티미터 정도 상승하였음을 확인할 수 있었다.

이러한 해수면 상승의 원인을 밝혀내는 동안 위성으로 쉽게 발견된 바닷속 대상은 여전히 불가해한 상태로 남아 있다. 우주의 탐색에도 불구하고 지도에는 아직 표시되지 않은 섬이 무수히 많다. 다음 장에서는 환상의 섬의 흔적을 찾아 떠나보자.

# 9.
# 환상의 섬

**300년 동안 지도에 표시된 가짜 섬 루페스 니그라**

16세기 초 프랑스 선원들은 뉴펀들랜드 섬 근처를 지나다가 자욱한 안개 속에서 희미한 비명 소리를 들었다. 사람 목소리가 희미하게 들렸다고 전해진다. 놀란 선원들은 뒤늦게 안개 때문에 착각한 것임을 알아차렸다. 그들은 "악마가 서로 경쟁이라도 하듯 두려움에 떠는 사람들을 놀리고 있다"라고 표현했다. 그때부터 이 섬은 '악마의 섬'이라고 불리게 되었다.

갑자기 섬이 사라져 버려 꿈꾸던 섬 여행이 취소된다면 어떡할까? 휴가를 떠나려는 사람들에게는 끔찍하겠지만 얼마든지 일어날 수 있는 일이다. 이상한 시나리오인가? 전혀 그렇지 않다.

2009년 여름 멕시코 만에서는 몇 주에 걸쳐 비행기나 배로 독일의 푀르Föhr 섬만 한 크기의 베르메하Bermeja 섬을 찾는 행렬이 이어졌다. 비록 해도에 이 섬이 표시되어 있긴 했지만 멕시코시티의 국립자치대학National Autonomous University of Mexico 연구진은 국가적 차원의 탐색 결과 섬을 찾는 데 실패했음을 공표했다.

베르메하는 이른바 '환상의 섬'이다. 지역의 한 언론매체는 베르메하를 찾는 일이 실패함으로써 어쩌면 국가의 해상 경계가 육지 쪽으로 밀렸을 수 있다고 추측했다. 멕시코가 해저 유전에 대한 권리를 상실할 수 있을지도 모른다는 우려도 덧붙였다. 이 경우 국제 섬 목록에 영향을 끼치게 된다면 세계적인 문제가 야기될 수도 있다.

그렇게 되면 대양에 수천 개의 섬을 기록하는 체계적인 지도를 만들어야 세계 지도를 확실하게 정리할 수 있을 것이다. 예를 들어 에르네스트 르주베Ernest-Legouvé, 주피터Jupiter, 마리아 테레지아Maria-Theresia, 와추셋Wachusset, 랑기티키Rangitiki 등 잘 알려진 이름을 딴 남태평양의 무수히 많은 암초 섬들은 그 존재 여부에 논란의 여지가 있기 때문이다.

12세기에 이미 아랍의 한 지리학자는 2만 7000여 개의 가상 섬을 확인했다. 크리스토퍼 콜럼버스가 환상의 섬을 찾아 탐사를 떠난 것이 15세기 말이니 당시는 아직 대발견이 있기도 전이었다.

**실재일까 환상일까, 지도에 표시되지 않은 섬들**

이탈리아 제노바의 탐험가인 콜럼버스는 섬을 찾을 수 있을 것이라는 믿음으로 긴 항해를 감행했다. 중세 해도에는 포르투갈보다 큰 거대한 직사각형의 두 섬이 표시되어 있다. 역사학자들은 8세기에 스페인의 기독교인들이 황무지를 떠나 그 섬으로 이주했다는 이야기가 전해진다고 말한다. 하지만 섬의 크기를 추정하면서도 아무도 이 서인도 제도를 본 사람이 없었다. 콜럼버스는 대서양을 가로지르면 동양, 그 중에서도 바로 인도에 닿을 수 있다고 생각했지만 그가 발견한 곳은 그가 죽을 때까지 인도로 착각한 서인도 제도였다. 결국 콜럼버스는 가상의 섬의 이름을 따서 카리브 열도의 이름을 지었다.

물론 성과가 있는 항해도 있었다. 16세기 초 프랑스 선원들은 뉴펀들랜드 섬 근처를 지나다가 자욱한 안개 속에서 희미한 비명 소리를 들었다. 사람 목소리가 희미하게 들렸다고 전해진다. 놀란 선원들은 뒤늦게 안개 때문에 착각한 것임을 알아차렸다. 그들은 "악마가 서로 경쟁이라도 하듯 두려움에 떠는 사람들을 놀리고 있다"라고 표현했다. 그때부터 이 섬은 '악마의 섬'이라고 불리게 되었다. 미국의 섬 전문가인 도날드 존슨Donald Johnson은 바다가마우지

서식지에서 들린 바닷새의 울음소리가 그 비명의 원인일 수 있다고 주장한다. 알코올이 선원의 판단력을 더 흐리게 만들었을지 그 여부는 알 수 없다. '악마의 섬'은 어쨌든 술에 취한 선원의 착각으로 간주되지 않고 20세기 초까지 해도에 표시되었다. 그러나 공포의 섬은 그 위치가 바뀌었다. 해도에는 처음 아일랜드 섬 근처로 표시되어 있었는데, 나중에 아메리카 방향으로 옮겨졌다.

중세 섬의 경우 이처럼 서쪽으로 표류하는 경우가 종종 있다. 지도 제작자들이 환상의 섬을 잘 알지 못하는 지역으로 옮겨 놓는 경우가 종종 있기 때문이다. 어떤 섬들은 지도책에서 빈 공간을 채워 넣는 용도로 쓰이기도 했다. 해양 부분이 너무 크면 안 된다고 생각한 사람들이 섬을 그리로 옮긴 것이다.

불길한 섬은 그 존재 자체가 발견자의 정치적, 경제적 이해관계와 공명심에서 기인하는 경우가 많다. 북아메리카 동북 연안의 펠리포Philippaux 섬의 이름은 탐험대에게 재정을 지원한 프랑스 장관 루이 필리포Louis Phélypeaux의 이름을 따서 붙여졌다(참조: http://en.wikipedia.org/wiki/Isles_Phelipeaux_and_Pontchartrain—옮긴이). 미국과 캐나다 간에 국경을 설정하는 과정에서 이 섬을 둘러싼 분쟁이 있었고, 1783년 파리 조약의 결과 이 섬은 미국의 영토로 귀속되었다. 그런데 조사 결과에 따르면 그곳에는 천연자원은커녕 펠리포라는 섬 자체가 아예 없는 것으로 밝혀졌다.

'평화와 조화의 장소'가 기만의 장소로 드러났을 때 사람들의 실망은 더 클 수밖에 없다. 아일랜드 사람들은 1000년 이상이나 아일랜드 서쪽에 6세기 켈트교 수도사들의 이상향인 브라질Brasil 섬이 존재한다고 믿었다. 온갖 꽃이 만발하고 모든 나무에서 열매가 열리며, 섬에 뒹구는 돌은 모두 보석으로 가득찬 환상의 섬이었다. 그 뒤 브라질 섬은 많은 유럽인들이 동경하는 장소가 되었다. 그러나 수도사들의 기록에 따르면 유감스럽게도 이 천국은 안개에 싸여 있으며 7년에 한 번씩 그 모습을 드러낸다고 했다.

어떤 아일랜드 선원들이 이 섬을 찾아 떠났고 성공한 이들도 있다는 기록이 남아 있다. 아일랜드 킬리벡Killybegs의 선장 존 니스벳 John Nisbet은 1674년 프랑스에서 돌아오는 길에 브라질 섬을 찾았다고 주장했다. 그는 "마법이 풀렸다"라고 성급하게 말했지만 그가 자신의 말을 증명하려고 하자 브라질 섬은 다시 안개에 숨어버리고 말았다. 1865년, 그 섬은 지도책에서 완전히 사라졌다. 수도사들은 믿음이 산을 옮길 뿐 아니라 섬을 만들 수도 있다는 사실을 재차 입증했다.

### 이상향 브라질 섬을 찾아

14세기 수도사들에 따르면 북극에는 이른바 '검은 바위Schwarzer Fels'라고 불리는 '루페스 니그라Rupes Nigra'라는 섬이 있다고 한다. 이 환상의 섬은 300년 가까이 지도에 표시되어 왔다. 그러나 탐험

위는 모렐 선장의 모습.〈출처:(CC)Brianboulton at wikipedia.org〉

아래는 1822년 11월부터 1823년 2월까지 항해 일지에 따라 모렐의 항해 경로를 추적한 결과, 그의 탐험은 남극 연안에 치우쳐 있었다는 것이 밝혀졌다.
〈출처:(CC)CIA 『World Factbook』 at wikipedia.org〉

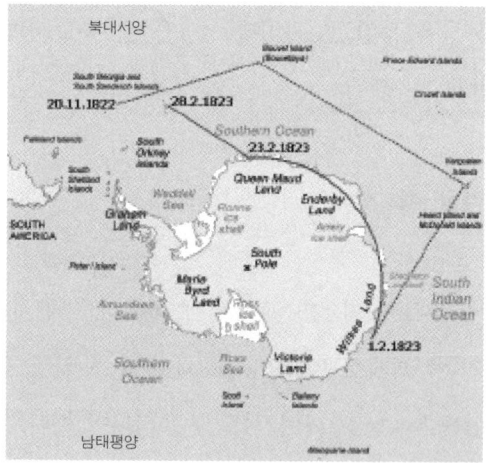

가들은 이 섬 역시 환상의 섬이라는 것을 밝혀냈다.

라이프치히의 상인인 요한 오토 폴터Johann Otto Polter는 카리브해에서 철학자 임마누엘 칸트Immanuel Kant의 이름을 딴 칸티아Kantia 섬을 발견했다고 주장하며 이 섬을 찾아다닌 일을 자세히 기록으로 남겼다. 1884년부터 1909년까지 폴터는 칸티아를 재발견하기 위해서 자비를 들여 네 차례의 탐사를 감행했다. 빌헬름 2세는 폴터에게 '칸티아 발견자'라는 증서를 수여하기도 했다.

그보다 몇 세기 전, 벤자민 모렐Benjamin Morrell 선장은 유명한 항해자이자 모험가, 발견자로 추앙받으며 그림에 묘사되기도 한 인물이다. 그러나 실제로 벤자민 모렐은 자신의 항해 후원자에게 아름다운 환상의 섬을 선물한 사기꾼이라는 사실이 후대에 밝혀졌다.

모렐의 섬에 대한 환상은 20세기 초 날짜 변경선을 설정할 당시 세계사를 결정짓는 데 일조하기도 했다. 지도 제작자들이 수백 킬로미터 서쪽으로 표시선을 옮겨서 모렐의 섬에 아메리카와 동일한 날짜가 적용되도록 한 것이다. 하지만 항해사들이 이 지역에서 본 것은 기껏해야 신기루에 지나지 않았다. 역사학자들도 이 섬의 존재를 믿지 않았다. 역사학자들이 모렐의 항해 일지를 동반자의 일지와 비교한 결과 그가 찾았다는 '남태평양의 진주'에 대한 기록은 어디에서도 찾을 수 없었던 것이다. 하지만 모렐의 환상의 섬인 바이어스Byres와 모렐Morrell은 1980년대까지 항공사의 지도에 남아 있었다. 이 섬에 공항들이 기재되지는 않은 것이 다행일 뿐이다.

## 10.
# 바다에서
# 불사조처럼

**통가의 화산섬은 늘어날 것인가**

1831년 여름, 이탈리아의 페르디난드 2세는 그해 6월 아프리카와 시칠리아 사이에 있는 지중해에 생겨난 한 섬에 이탈리아 국기를 꽂았다. 그러나 불과 반 년 뒤 그레이엄 섬은 이탈리아 국기와 함께 물속으로 가라앉았다. 현재 그 섬은 해수면 20미터 이하 높이에 있다. 화산섬의 생존이 그만큼 어렵다는 것을 입증하는 사례이다.

"금요일에는 출항하지 말라"는 오래된 항해 속담이 있다. 2006년 8월 11일 금요일, 프레드릭 프랜슨Fredrik Fransson 선장은 자신의 요트 메이켄Maiken을 타고 가다 남태평양 한가운데에서 경석(Bimsstein, 화산의 폭발적인 분화 때 생기는 구멍이 무수한 흰색의 작은 암석—옮긴이)과 재 부유물이 수면 위에 수 킬로미터 정도 양탄자처럼 깔려 있는 것을 본 순간 이 말을 떠올렸다.

끈적끈적한 부유물들이 배 모터의 냉각장치를 막는 바람에 프랜슨의 배는 모터가 과열될 위험에 처했다. 프랜슨과 선원들은 공황 상태에 빠져 배를 멈추었고 날이 어둑해질 무렵에야 간신히 그곳에서 빠져나올 수 있었다. 다음날 아침이 되어서야 그들은 원인을 알 수 있었다. 그곳에 이전에는 볼 수 없었던 화산섬이 연기를 내뿜으며 솟아 있었던 것이다. 프랜슨은 해도에 기록되어 있지 않은 그 섬이 바다에서 솟아난 것이라고 확신했다. 프랜슨은 폭 2킬로미터의 섬에 2.5킬로미터까지 접근했는데, 주위 분화구의 네 봉우리 중 하나에서 자갈과 재가 튀어나오는 바람에 기수를 돌릴 수밖에 없었다.

스웨덴 항해자의 이 모험이 알려지자 과학자들은 뉴질랜드 북동쪽으로 약 2000미터 떨어진 통가Tonga 근처의 남태평양에도 실제로 폭이 1500미터인 섬이 생겼다는 사실을 확인했다. NASA는 위성사진을 공개했고 곧이어 어부들도 이 섬을 발견했다. 그러나 관례대로, 이 섬의 이름을 직접 지을 수 있으리라는 항해자의 바람은 이루어지지 않았다. 그 섬은 이미 홈 리프Home Reef라는 이름을 갖고 있었던 것이다. 해수면 위로 이미 여러 번 화산이 융기되었고 가장 마지막으로 화산이 폭발한 것이 1984년도였다. 하지만 홈 리프는 매번 몇 개월 뒤 다시 바다에 휩쓸려 사라지곤 했기 때문에 사람들은 이 섬의 정체를 알 수 없었던 것이다.

화산 폭발이 있고 8개월이 지난 2007년 3월, 경석 부유물들이 오스트레일리아 동부 해안까지 밀려왔다. 과학자들은 1300킬로미터 길이의 해안에서 떠도는 가벼운 덩어리들을 주워 모았다. 홈 리프는 위성사진에 나타난 것처럼 이미 그 크기가 줄어들어 있었다. 그 섬이 마침내 바다를 이겨내고 이웃한 섬들처럼 열대의 낙원이 되기를 바라는 희망은 이번에도 산산이 부서졌다. 특히 통가 왕국에서는 그 섬이 유지되기를 간절히 원했을 것이다. 통가 왕국은 현재 약 169개의 섬으로 이루어져 있지만 면적을 모두 합쳐도 독일 함부르크와 비슷한 작은 크기이기 때문이다. 섬이 새로 생긴다면 관광객 유치에도 도움이 될 것이 분명했다.

**바다에서 화산섬이 살아남으려면**

통가의 모든 섬은 화산 활동으로 탄생했다. 열도의 동쪽에 미국 그랜드캐니언Grand Canyon보다 7배나 깊은 약 11킬로미터 이상의 수심부인 통가 해구의 가장자리에서 통가 제도가 생겨났다. 남태평양에서는 태평양판이 매주 3밀리미터씩 인도-오스트레일리아판 아래로 움직인다. 바닷물에 잠겨 있는 태평양판은 깊은 곳에서 강한 압력을 받아 압축되고 물이 줄어들면서 솟아오른다. 제설작업용 소금이 도로에 쌓인 얼음의 녹는점을 낮추듯이 암석의 녹는점을 낮추어 그 밑에 있는 섭씨 약 1000도의 암석을 녹인다. 점착성 물질은 암석보다 가볍기 때문에 날아오르기 마련이다. 이렇게 해서 해저화산이 생기는 것이다. 남태평양에만 100만 개 이상의 해저화산이 있다.

하지만 이 화산 중 몇 개만이 수면 위로 나와 섬이 된다. 예를 들어 하와이 화산인 마우나 케아Mauna Kea는 해저에서 계산했을 때 높이가 1만 305미터로 세계에서 가장 높은 산이다. 마우나 케아는 해발 4200미터에 이른다. 카나리아 제도(Kanaren, 아프리카 북서부 대서양에 있는 스페인령 7개섬—옮긴이)와 아이슬란드도 그런 높은 화산섬에 해당한다. 하지만 통가 제도는 대부분 1000미터 이하이다.

대부분 신생 화산에서는 화산 활동이 멈추면 곧바로 사람들이 살기 시작한다. 마그마 분출이 멈추고 바다에서 섬이 생겨나면 바닷속의 둥근 화산에는 산호가 자라기도 한다. 하얀 왕관처럼 환상적인 산호섬이 바닷속에서 빛난다.

항해사와 관련된 많은 이야기를 보면 항해사들이 새로 발견된 섬을 찾아 떠났다가 찾지 못한 사례들도 있고, 새로 발견했더니, 군사기지가 이미 들어선 섬도 있었다. 1831년 여름, 이탈리아의 페르디난드 2세는 그해 6월 아프리카와 시칠리아 사이에 있는 지중해에 생겨난 한 섬에 이탈리아 국기를 꽂았다. 그러나 불과 반 년 뒤 그레이엄Graham 섬은 이탈리아 국기와 함께 물속으로 가라앉았다. 현재 그 섬은 해수면 이하 20미터 높이에 있다.

하지만 어떤 섬은 계속 그 상태를 유지하며 사람들이 살기도 한다. 1963년 11월 14일 한 소형 배의 선원이 아이슬란드 남해안 연안 35킬로미터 지점에서 분출하는 화산재와 불을 발견했다. 그 다음날 아침에 보니 작은 섬 하나가 생겨났다. 그 섬이 바로 쉬르트세이Surtsey 섬이다. 쉬르트세이 섬은 탄생할 때부터 보호를 했기

아일슬란드 남해안에 위치한 화산섬 쉬르트세이의 분화 모습.
〈출처:(CC)NOAA at wikipedia.org〉

때문에 천혜의 실험실이 되었다. 과학자들은 생명체가 이 섬에 어떻게 정착하는지 꾸준히 관찰했다. 쉬르트세이 섬은 또한 바다에 다시 가라앉지 않는 한 새로 생겨난 통가 섬의 미래를 예측하는 바로미터가 될 것이다. 쉬르트세이 섬이 계속 그대로 있게 된다면 몇 년 뒤 섬의 바닥은 단단해질 것이다. 화산재가 응고되는 데에는 15년 정도가 걸린다. 쉬르트세이 섬을 연구하기 전에는 화산재가 응고되려면 100년 정도 걸릴 것으로 추정했는데, 그렇지 않다는 것도 밝힐 수 있었다.

### 쉬르트세이 섬의 자연환경은 어떻게 만들어졌을까

과학자들이 쉬르트세이 섬에서 얻은 또 다른 지식도 놀라웠다. 식물이 아니라 육식 동물이 먼저 섬에 서식하기 시작한다는 사실을 알게 된 것이다. 바다를 떠다니는 나무에 실려 아이슬란드에서 쉬르트세이 섬까지 거미가 들어왔고, 영양분과 곤충도 이런 경로를 거쳐 섬에 들어왔다. 어떤 곤충은 2주 동안이나 바다에서 살아남았다. 이끼류 식물이 자라기 전에 바다 벼룩이자리(Honckenya peploides, 석죽과에 속하는 1~2년생 풀―옮긴이)가 먼저 번식했다. 바람에 날린 씨가 바닷물에 쓸려온 것이다. 1980년대에는 갈매기들이 몰려와 둥지를 틀기 시작했다. 새의 배설물은 땅에 떨어져 거름이 되었다. 또한 갈매기의 깃털에 식물의 씨가 붙어서 함께 날아들었다.

식물의 4분의 3은 새들이 섬으로 날랐다. 1990년대에는 처음으로 지렁이와 달팽이가 모습을 보였다. 쉬르트세이 섬은 서서히 녹색 섬으로 바뀌어갔다.

쉬르트세이 섬의 진행 과정을 보면서 통가 왕국의 새로 생긴 섬도 열대 초목이 무성한 푸른 천국으로 바뀔 수 있으리라는 기대감을 가진 사람들이 많았다. 그러나 통가에서는 그토록 꿈꾸던 생장의 기쁨이 일어나지 않았다. 새 섬은 자리를 잡지 못했다.

지난 몇 세기 동안 무수히 많은 섬들이 새로 생겨났다가 얼마 지나지 않아 다시 바닷속으로 사라지는 일을 되풀이했다. 1865년에 이미 유럽의 항해사들은 150미터 높이에 3킬로미터 폭의 팔콘 섬(현재 Fonuafo'ou라고 불림—옮긴이)을 발견했다. 그러나 그 뒤 이 섬은 다시 바닷속으로 사라졌다. 1995년 홈 리프 근처에 잠깐 동안 메티스 숄Metis Shoal이 나타났다 사라지기도 했다.

2006년 8월 지리학자인 데이비드 테핀David Tappin은 모든 원동력에도 불구하고 홈 리프가 유지되기 힘들 것이라고 언급했다. 통가의 화산 활동은 열도의 생성 이후 달라졌고 그 때문에 새 섬이 유지되는 것은 더 어려워졌다는 것이다.

수백만 년 전에는 화산이 폭발할 때 오늘날보다 용암이 더 분출되었고 재와 암석의 양은 더 적었으리라고 과학자들은 이야기한다. 오늘날 굳어진 화산쇄설암은 쉽게 풍화되는 반면 용암은 굳으면서 섬을 단단하게 만든다. 프랜슨 선장은 섬의 발생이 멈추는 광경을 직접 보았다. 그는 섬을 발견할지도 모른다는 생각에 꾸준히 항해를 즐기고 있지만, 그동안 홈 리프는 대부분 바닷물에 가라앉았다. 어쩌면 다음 화산 폭발이 있을 경우 홈 리프가 계속 섬으로 남아 있을지는 아무도 모를 것이다.

11.
# 해조류가 구름을 만든다

**남반구 해상의 단세포 생물이 날씨에 미치는 영향**

해조류는 온도가 지나치게 올라가면 구름을 만든다. 해조류가 기후온난화를 늦추는 것은 지구 전체에서 느낄 수 있다. 어떤 지역에서는 단세포 생물이 기후에 영향을 미치기도 한다. 조류를 대대적으로 증식시키는 한편, 이런 식으로 기후온난화를 억제하기 때문에 바다에 철분 비료를 주어야 한다고 주장하는 이도 있다.

좋은 향기가 나는 해조류는 깊고 먼 바다의 냄새를 풍긴다. 바닷속에는 무수히 많은 해조류가 살고 있으며, 이 해조류를 모두 합친 무게는 원시림에 살고 있는 식물보다 훨씬 무겁다. 이 해조류가 날씨를 변화시키는데, 놀랍게도 온도가 지나치게 올라가면 해조류가 구름을 만드는 것이다. 해조류가 기후온난화를 늦추는 것은 지구 전체에서 느낄 수 있다. 어떤 지역에서는 단세포 생물이 기후에 영향을 미치기도 한다. 조류를 대대적으로 증식시키는 한편, 이런 식으로 기후온난화를 억제하기 때문에 바다에 철분 비료를 주어야 한다고 주장하는 이도 있다.

1987년, 과학자들은 해조류가 날씨에 미치는 영향을 밝혀냈다. 'Claw 가설(가이아 이론을 주장한 러브룩의 주장으로, 생명체가 지구의 기후를 조절한다는 가설—옮긴이)'에 따르면 단세포 생물은 지구의 온도 조절기 역할을 하고 있다. 온도가 너무 올라가면 단세포 생물은 구름을 생성하여 온도를 낮춘다. 지구가 스스로 조절되는 하나의 살아 있는 유기체처럼 건강을 유지한다는 가이아 이론Gaia-Theorie이 이러한 해조류의 작용에 힘을 더해 주었다. 바다의 염도, 공기 중의 산소 농도, 온도 등 지구의 주요 특성들은 마치 지구가 스스로 조절이라도 하듯이 수백만 년 동안 놀라우리만치 아주 미세한 변화만 보였을 뿐이다.

해조류의 기후 효과는 특히 과학자들의 관심 대상이다. 해조류의 기후 효과에 대한 연구는 무려 2000가지가 넘는다. 바르셀로나 해양학연구소CSIC의 아란자주 라나Aranzazu Lana를 중심으로 한 과학자들은 지금까지 매우 방대한 분석을 내놓았다. 전 세계에서 약 5만 차례에 걸쳐 측정한 자료를 평가한 것이다. 이에 대해 스위스 취리히 연방공과대학의 기후학자인 마이케 포크트Meike Vogt는 "굉장한 열의로 이루어낸 연구였다"라고 말한다. 11년 전만 해도 가장 방대한 자료 조사가 불과 1만 7000개의 측정 데이터를 갖추고 있었다. 캐나다 퀘벡 라발 대학Laval University in Quebec의 모리스 르바쇠르Maurice Levasseur는 현재 연구 결과, "남반구 해상에는 단세포 생물이 우리가 예상하는 것보다 더 크게 기후의 역사에 영향을 미친다"라면서 놀라워했다.

### 해조류의 '땀'이 날씨에 영향을 미친다?

해조류가 발산한 일종의 '땀'이 그런 작용의 원인이다. 물의 온도가 너무 높으면 해조류들은 이른바 프로피온 디메틸 설파이드DMSP라고 하는 황화물을 생산한다. 박테리아는 이것을 디메틸 설파이드(DMS, Dimethyl Sulfide)라고 하는 기후 작용물질로 변환시킨다. 디메틸 설파이드라는 단어는 과학자들에게 커다란 흥분을 불러일으킨다. 과학자들은 이 물질에 마법 같은 힘이 있다고 주장한다. 우선 이 물질은 바닷물의 거품과 함께 올라와 바다 냄새를 만들어낸다. 공기 중에서 이 화합물은 구름의 씨앗이라고 할 수 있는 황산으로 변환된다. 바다에서 디메틸 설파이드가 많이 뿜어질수록 더 많은 구름이 생기는 것이다. 이 구름은 햇빛을 차단하고 지구와 바다의 온도를 떨어뜨린다.

막스-플랑크 기상학연구소의 헬무트 그라슬Hartmut Grassl과 뮌헨 루트비히 막시밀리안 종합대학LMU München의 올라프 크뤼거Olaf Krüger가 밝혀낸 사실에 따르면, 이렇게 생긴 구름이 비구름이 되는 경우는 드물다. 공기 중에서 산 입자를 중심으로 응축하는 물방울이 너무 작아서 비가 되어 내리기는 힘들다는 것이다. 해조류가 만들어낸 구름은 오랫동안 그렇게 머물며 그림자를 드리운다. 그래서 온도가 떨어지면 해조류는 다시 안정을 찾게 되며 디메틸 설파이드를 적게 만들어낸다. 결국 해조류가 기후를 쾌적한 온도로 조정한다는 이론이 바로 'Claw 가설'이다.

남태평양에서는 실제로 이런 순환이 일어나는 것처럼 보인다. 이 지역은 일종의 해조류의 거실에 해당하는 지역으로 해조류는 그곳에서 상태를 결정한다. 아란자주 라나를 중심으로 한 연구진은 그곳에서는 대기를 이루는 대부분의 구름이 단세포 생물에서 생긴다고 보고했다.

영국 리즈 대학University of Leeds의 매튜 우드하우스Matthew Woodhouse는 공기 중에 있는 디메틸 설파이드의 양이 기본적으로 남태평양에서 해조류의 지표임을 확인했다. 여름에는 공기 중의 디메틸 설파이드 양이 증가했고 겨울에는 급격히 감소했다. 새로운 데이터에 따르면 해조류에서 만들어진 구름의 냉각 작용은 지금까지 추측했던 것보다 훨씬 더 크게 영향을 미친다고 할 수 있다. 이런 데이터에 따르면 남태평양의 단세포 생물이 어쩌면 사람이 야기한 기후온난화 현상을 중화시킬 수 있을 것이다.

하지만 해조류가 지구 전체에 미치는 기후 영향은 제한적일 수도 있다. 마이케 포크트는 "디메틸 설파이드가 세계 기후의 구심점이 아니다"라고 지적한다. 사람이 살고 있는 지역에서는 산업 유황 배기가스가 먼 바다의 해조류가 발산한 디메틸 설파이드의 양을 능가하기 때문이다. 사람이 만들어낸 온실가스는 더 강력한 작용을 한다. 구름 생성에 중요한 역할을 하는데도 불구하고 디메틸 설파이드 입자는 전체 지구에서 평방미터$m^2$당 0.04와트 정도만 햇빛을 약화시킨다. 3년만 지나면 자동차, 공장, 난방 등의 온실가스가 이러한 냉각 효과를 앞지르게 될 것이다.

'기후 변화에 관한 정부 간 패널IPCC'의 계산에 따르면 매년 사람이 만들어낸 온실가스는 평방미터당 0.02와트 가량 대기를 데운다. 그러나 해조류는 그 수치를 따라오지 못하는 것처럼 보인다. 온난화가 되면 해조류의 황산염 배출이 증가하여 더 많은 구름이 생길 수 있을 것이다. 하지만 새로운 데이터를 고려해 볼 때, 이산화탄소 증가에 맞추기 위해 3년 안에 디메틸 설파이드 양이 두 배로 증가하는 일은 비현실적인 것처럼 보인다. 우드하우스는 디메틸 설파이드가 기후에 미치는 영향은 미미하다고 말한다.

하지만 해조류의 기후 냉각 효과와 Claw 가설이 확인된 새로운 연구도 있다. 그리고 해조류가 주는 놀라움은 여기서 그치지 않는다. 캘리포니아 로렌스 리버모어 국립연구소 Lawrence Livermore National Laboratory의 필립 카레론 스미스 Philip Cameron-Smith를 중심으로 한 연구진은 특히 폴란드 인근에서는 해조류가 앞으로 냉각 작용을 더 활발히 펼칠 것이라고 보고했다. 수천 개의 해빙이 단세포 생물을 위한 새로운 생활권을 만들어 준다는 것이다.

이 연구진의 계산에 따르면 그렇게 해서 대기 중의 디메틸 설파이드의 양이 두 배 이상 증가할 수 있다고 한다. 우드하우스는 북대서양에서 확실히 증가한 디메틸 설파이드 생산량에 대한 최초의 징후가 있다고 보고한다. 어쩌면 이 미미한 존재가 지구온난화 해결에 심대한 영향을 미칠 수 있을지도 모르겠다.

산 입자 외에 대기 중의 다른 미세입자들도 어마어마한 영향을 미친다. 이러한 미세입자들은 사하라 사막에서 불어오기도 한다. 마른 하상 위에서 부는 바람은 노즐에서 뿜어져 나오는 것처럼 속도가 가속화되면서 모래바람이 남미까지 이어진다. 사막의 먼지가 열대우림의 거대한 나무를 키우는 것이다. 이것은 다음 장에서 알아보자.

# 12.
# 사하라 사막의 거름 효과

**사막의 먼지가 열대우림의 나무를 키운다**

로버트 제임스는 1838년 3월 7일 대서양에서 사하라 바람을 만났다. 그는 침착하게 마스트에 젖은 수건을 걸어 두었다가 나중에 먼지를 닦아 상자에 모았다. 그리고 육지로 돌아와서 생물학자인 찰스 다윈에게 이 샘플을 보냈다. 이 역사적인 먼지는 올덴부르크 대학의 안나 고르부쉬나를 중심으로 한 연구진에 의해 조사되었고, 조사 결과 그 먼지는 실제로 사하라 보델레 저지대에서 발원한 것임이 입증되었다.

지금 지구상에서 가장 먼지가 많이 이는 지역인 사하라는 과거에 호수였다. 그래서 무수히 많은 광물과 해조류 화석들이 사하라 사막의 보델레 저지대Bodélé-Niederung를 뒤덮고 있다. 이 저지대는 한때 북아메리카 대륙의 오대호 크기만한 마른 호수의 분지였다. 이 호수가 예전에 중앙아프리카 동식물에게 영양분을 공급했다면 오늘날 사하라는 남아메리카의 우림지대에 거름의 역할을 하고 있다. 영양분이 함유된 먼지가 바람을 타고 대서양을 건너 아마존까지 이동하는 것이다. 보델레 저지대에서는 두 산맥 사이에서 바람이 가속도가 붙어 지구에서 가장 거대한 팬이 형성되어 먼지를 날린다. 이렇게 아프리카에서 날린 먼지는 아마존 정글까지 날아가서 거대한 나무를 키우는 거름이 된다.

런던 버크벡 대학교Birkbeck College의 찰리 브리스토우Charlie Bristow가 중심이 된 연구진은 최근 열악한 조건 속에서 사하라의 많은 아마존 식물 원산지를 조사했다. 브리스토우는 "많은 사막에서 연구를 했지만 보델레 저지대는 그중 최악이었다. 사방에서 먼지가 날아와 사람들은 온통 먼지를 뒤집어쓴 채로 지내야 했다. 먹는 것도 힘들고 앞도 잘 보이지 않았다"라고 말한다. 이 저지대는 지난 1000년 동안 하상의 4미터가 이미 쓸려나갔다. 연구진이 신중하게 채취한 28개의 먼지 샘플을 조사한 결과 놀랍게도 거기에서 다량의 인과 철 성분이 나왔다.

대서양 저편은 이 두 광물질이 부족하다. 브리스토우는 외견상으로는 아마존 정글이 아프리카의 먼지 바람에 좌우된다고 말한다. 보델레의 크기는 사하라의 500분의 1에 불과하지만 아마존 열대우림을 키우는 먼지의 절반 가량을 제공한다. 캘리포니아 대학 산타바바라 캠퍼스의 대기 연구가인 올리버 채드윅Oliver Chadwick에 따르면 세계에서 먼지가 가장 적은 하와이에서조차 아프리카 먼지에 섞여 인이 딸려온 것이 입증되었다고 한다. 이스라엘 바이츠만 과학연구소Weizmann Institute of Science의 유발 벤 아미Yuval Ben-Ami를 중심으로 한 연구진의 조사에 따르면 보델레 저지대에서 아마존까지 먼지가 이동하는 데 10일 정도가 걸린다.

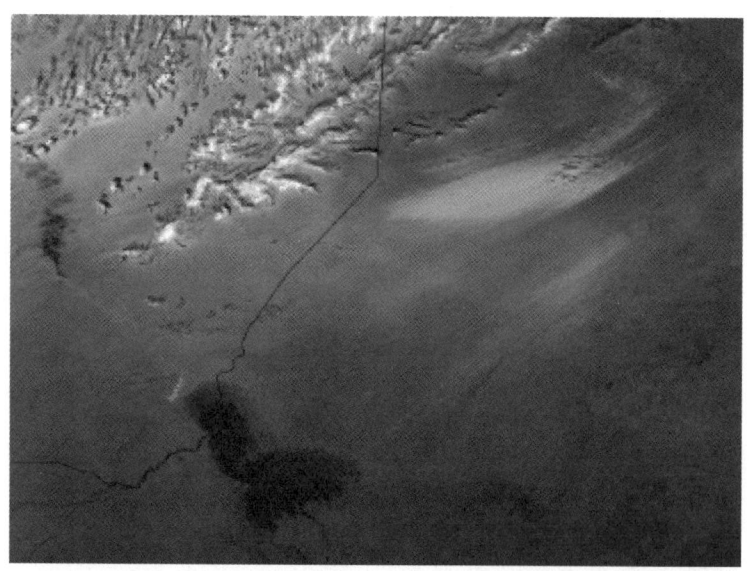

보델레 저지대는 지구에서 가장 큰 먼지의 발원지 중 한 곳이다. 왼쪽 아래 차드 호수 주변의 습지는 모래 언덕의 잠식으로 얼룩덜룩하다.〈출처:NASA〉

## 사하라에서 아마존까지 먼지가 이동하는 데 10일이 걸려

과거에 먼지 연구의 선구자들은 이미 이러한 상황을 이용했다. 항해자인 로버트 제임스Robert James는 1838년 3월 7일 대서양에서 사하라 바람을 만났다. 그는 침착하게 마스트에 젖은 수건을 걸어 두었다가 나중에 먼지를 닦아 상자에 모았다. 그리고 육지로 돌아와서 생물학자인 찰스 다윈에게 이 샘플을 보냈다. 이 역사적인 먼지는 올덴부르크 대학University of Oldenburg의 안나 고르부쉬나Anna Gorbushina를 중심으로 한 연구진에 의해 조사되었고, 조사 결과 그 먼지는 실제로 사하라 보델레 저지대에서 발원한 것임이 입증되었다. 말하자면 로버트 제임스의 수건이 닿기 전에 먼지가 이미 4000킬로미터를 날아온 것이다. 또한 고르부쉬나는 이 역사적인 샘플에서 추가로 균류와 박테리아도 발견했다.

이어 새로운 연구에서는 병원균도 '먼지에 무임승차'해서 대서양을 건너온다는 것을 확인했다. 미국 지질조사국USGS의 진 쉰Gene Shinn은 병원체들이 산호충의 감소에 영향을 미쳤을 것이라고 주장한다. 어쩌면 사하라 먼지가 카리브 해 지역에 천식 환자가 증가하는 원인일 수도 있다는 주장도 있다. 보델레 저지대에서 발원한 먼지 폭풍은 아마존에만 착륙하는 것이 아니다.

플로리다의 마이애미 대학University of Miami의 조셉 프로스페로Joseph Prospero의 보고에 따르면 여름에는 영양분을 실은 먼지들이 카리브 해로 날아가 거름이 된다. 그는 카리브 해 섬의 지층 상부를 이루고 있는 대부분이 사하라 먼지로 이루어졌다고 주장한다.

사막의 모래는 1년에 아홉 차례 정도 북쪽으로도 이동해서 독일까지 불어온다. 사하라에서 이렇게 황사가 불어오면 하늘 색깔이 황갈색으로 변하고 노을이 매우 붉게 물들며 붉은 비가 내린다. 모래 먼지는 자동차 지붕에까지 자국을 남기며 사하라 사막의 인사를 전한다.

다음 장에서는 모래바람과는 완전히 다른 종류의 바람에 대해 알아볼 것이다. 고대 그리스의 여사제들이 미래를 점칠 수 있었던 것은 지구의 증기 때문이었다. 여사제들이 환각 작용을 하는 천연가스를 마시거나 취한 것은 아니었다. 그들은 뭔가 다른 방식으로 신탁을 받았다.

# 13.
# 델포이의 가스

**여사제의 신탁은 신전 아래의 가스와 지하수 때문일까?**

기원후 1세기 그리스의 작가 플루타르크의 기록이나 동시대의 기록을 보면 신전에서는 환각을 일으키는 증기가 땅에서 피어올랐다고 한다. 그러다 2006년 지질학자들은 이 증기의 특성에 대해 비교적 믿을 수 있는 지질학적인 의견을 내놓았다. 고대 여사제에게 신탁을 말하도록 만든 것은 여사제가 호흡 곤란을 일으킬 정도의 가스가 분출되었기 때문이라는 내용이었다. 유적지 샘물에서 메탄과 에탄, 그리고 에틸렌 가스 성분을 찾아낸 것이다.

크로소스Croesus 왕은 페르시아인과 전쟁을 벌이기 전에 싸움의 승패를 미리 알고 싶었다. 오늘날 동부 터키에 자리했던 리디아(Lydia, 소아시아 서부의 고대 왕국)의 군주인 크로소스 왕은 기원전 550년, 델포이Delphi의 아폴로 신전의 신탁을 듣기 위해 그리스로 사절단을 보냈다. 여사제는 좁고 밀폐된 지성소에 앉아 있었다. 지성소 바닥의 갈라진 틈으로 향긋한 향의 증기가 피어올랐다. 여사제가 연기에 휩싸인 채 알아들을 수 없는 말을 하면 보조 사제가 이를 해석해 주었다. "크로소스 왕이 할리스 강을 건너면 대제국이 멸망할 것이다." 그러나 신탁을 잘못 해석한 왕은 필승을 기약하며 전쟁에 나갔다. 결국 그의 군대는 패배했고 예언이 함축하고 있던 의미를 알아차렸을 때는 이미 승패가 갈린 뒤였다. 크로소스 왕은 자신의 제국을 파멸시킨 것이다.

이와 같은 오해에도 불구하고 수백 년 동안 사람들은 신탁을 듣기 위해 델포이로 갔다. 아폴로 신전의 여사제를 일컫는 피티아Pythia는 일종의 환각 상태에서 신탁을 들었을 것이다. 기원후 1세기 그리스의 작가 플루타르크의 기록이나 동시대의 기록을 보면 신전에서는 환각을 일으키는 증기가 땅에서 피어올랐다고 한다. 이 이야기의 진의를 밝히고자 하는 설익은 시도가 오랫동안 계속되었다. 그러다 2006년 지질학자들은 이 증기의 특성에 대해 비교적 냉정하고 믿을 수 있는 의견을 내놓았다. 고대 여사제에게 신탁을 말하도록 만든 것은 환각제가 아니라 여사제가 호흡 곤란을 일으킬 정도의 가스가 분출되었기 때문이라는 내용이었다.

19세기 말 고고학자들이 그리스 델포이 근처 농촌의 파르나소스Parnassus 산 중턱에서 아폴로 신전을 발굴했을 당시 전 세계는 흥분에 휩싸였다. 아폴로 신전의 주랑과 조각상, 그리고 벽으로 이루어진 잔해가 차례로 모습을 드러내자, 연구진은 한때 신탁을 듣던 장소에서 증기가 새어나오는 균열이 있는지 찾아보았다. 딱딱한 돌바닥에서 가스가 새어나오는 것은 불가능했다. 게다가 그 지대에는 화산 활동도 없었다. 그렇다면 신탁 사제가 약초를 태웠을까? 혹시 그 시대에 널리 쓰이던 식물성 환각제가 있었던 것일까?

**신전 아래에서 분출된 가스와 지하수**

땅에서 피어오르던 달콤한 향기에 관한 이야기는 이탈리아 과학자인 루이지 피카르디Luigi Piccardi가 2000년 델포이의 지반에서 지진 접합부를 찾아내기까지 하나의 전설로 남았다. 미국 웨슬리언 대학의 엘레 드 보어Jelle de Boer에 따르면 델포이에는 이런 두 균열이 교차하고 있다고 한다. 어쩌면 신전 바로 아래의 단층이 갈라져 있을 수도 있었다. 암석판의 움직임이 석회암 부분을 흔들어 가스와 지하수가 분출되었을 것이라고 그는 주장한다.

실제로 신전에는 지금도 두 곳에서 샘물이 솟아나오고 있다. 어쩌면 더 깊은 곳에서 흘러나오는 물일 수도 있다. 보어와 그의 동료들은 그 샘물에서 메탄과 에탄, 그리고 에틸렌 가스 성분을 찾아냈다. 과학자들은 비로소 신탁에 관한 이야기의 실마리를 풀었다고 생각했다. 에틸렌 증기는 역사적인 설명과 잘 맞아떨어지기 때문이다. 에틸렌 증기는 달콤한 향이 있고 몽롱하고 기분을 좋게 만드는 작용을 한다. 과량을 흡입하게 되면 치명적이라는 것 또한 예부터 전해져 내려오던 여사제의 운명에 관한 이야기와 맞아떨어진다. 그렇다면 에틸렌이 피티아의 환각제였을까. 지반에서 발견된 역청층에서 아마 탄소와 수소가 합성된 분자가 용해되었을 것이다.

역청Bitumen은 끈적끈적하며 석유와 유사한 물질이다. 보어는 지진 이음부의 지진 마찰이 역청을 기화시키면 기화된 탄화수소가 지하수와 함께 지표면으로 나온다고 주장한다.

연구진은 신전 유적지에서도 지하수가 뿜어져 나오는 흔적을 발견했다. 신전에 한때 물이 흘렀다는 사실은 2000년 전 그리스 작가 파우사니아스Pausanias의 기록에도 등장한다. 실제로 보어 연구진은 유적지의 벽에서 지하수에서 분리된 황백색 규화 석회를 발견했다. 여사제의 작업 조건은 뛰어났던 것으로 보인다. 한때 지성소였던 곳 근처를 지나 오늘날까지 흐르고 있는 샘물에는 다른 성분보다 특히 에틸렌이 많이 함유되어 있었다. 연구진은 따라서 가스 구름은 지성소 근처에서 더 강하게 일었을 것이라는 결론을 내렸다. 게다가 2000년 전에는 어쩌면 깊은 곳에서 오늘날보다 더 많은 양의 에틸렌 증기가 새어나왔을 수도 있다.

모든 것이 맞아떨어지고 신탁의 수수께끼가 풀린 듯했다. 하지만 이탈리아 로마 국립 지구물리학 화산학 연구소의 주세페 에티오페Giuseppe Etiope를 중심으로 한 이탈리아와 그리스 연구진은 아폴로 신전의 지하를 더 면밀히 조사한 뒤 기존의 설명에 반박하고 나섰다.

문제는 에틸렌을 마취제로 볼 수 있느냐 하는 것이었다. 에틸렌은 다른 성분과 빨리 결합하는 휘발성이어서 절대 농축하기가 어렵다는 것이다. 보어 연구진에 의해 측정된 에틸렌 흔적은 지하 깊은 곳이 아니라 지표면 근처의 박테리아에서 발원했을 것이라는 게 에티오페 연구진의 주장이었다. 그렇다면 코로 거의 들어오지 못할 정도로 증기의 양이 적기 때문에 여사제가 그 가스에 도취되기에는 역부족인데다가, 땅에서 상당한 양의 탄화수소 증기가 이미 빠져 나갔을 것이라는 것이다. 이들은 바로 규화 석회가 이와 같은 사실을 말해준다고 주장한다.

하지만 메탄과 에틸은 비교적 단순한 천연가스에서 생겼을 것이다. 대부분의 전문가들은 이 가스와 이산화탄소로 이루어진 짙은 구름이 신탁을 받는 지성소 바닥의 균열에서 빠져나와 여사제를 환각 상태에 빠지게 했을 것이라고 추정한다. 폐쇄된 좁은 공간에서 산소가 부족하게 되면 환각 증세가 나타나기도 한다.

실제로 조사 결과 고고학자의 의견대로 지성소가 있었던 곳에서 하필 훨씬 더 높은 메탄 수치가 측정되었다. 어쩌면 석탄이나 약초 에센스를 태워 효과를 더 극대화시켰을지도 모른다. 달콤한 향기는 역청층에서 나온 방향족 탄화수소인 벤졸에 의한 것이었을 수도 있다. 오늘날까지도 그곳에서는 많은 양의 이산화탄소와 에탄, 그리고 메탄이 끓어오르고 있다. 이 성분들이 어떻게 위로 올라갈 수 있는지에 대해서는 신전 지하의 땅 온도가 비교적 높기 때문에 역청에서 탄화수소가 분해되었을 것이라고 연구진은 의견 일치를 보았다. 아폴로 신전 바로 아래의 지진 균열도 땅의 통기성을 증가시켰을 것이라고 주장했다.

델포이의 마지막 신탁도 지질학적인 문제에서 그 원인을 찾을 수 있다. 기원후 362년 로마 황제 율리아누스 아포스타타Julianus Apostata의 명으로 신탁을 받으러 온 의사 오리바시우스Oribasius에게 여사제가 마지막 신탁을 전했다. 율리아누스 황제는 그리스 도교를 억압하고자 했고 신탁과 같은 이교도적인 제식이 앞으로도 있을지 여부를 피티아에게 듣고자 했던 것이다. 피티아는 의사에게 "아름답게 지은 집이 무너졌다고 황제에게 이르라. 포이보스Phoibos 아폴로는 더 이상 도망칠 곳이 없다. 신성한 월계수가 시들고 그의 샘물은 영원히 침묵하면서 졸졸 흐르며 입을 다문다"라고 전했다. 그리고 그 시대, 증기가 피어나던 균열 역시 그렇게 봉인되었을 것이다.

# 14.
# 아틀란티스

**가라앉은 도시는 어디에 있을까?**

경제학자 지그프리트 쇼페와 크리스티안 쇼페는 아틀란티스가 흑해 남해안에 있었고 7500년 전 해수면 상승으로 가라앉았을 것이라고 추정했다. 그 당시 흑해는 오늘날보다 130미터 더 낮았는데, 마르마라 해에서 바닷물이 밀려 들어와 약 10만 평방킬로미터의 경작지를 단기간에 침수시켰다는 것이다. 실제로 해양지질학자인 로버트 발라드에 따르면 흑해 약 100미터 깊이에서 신석기 유적지가 발견되었다고 한다.

로니 알론조Ronnie Alonzo는 17년 동안 이 순간을 위해 준비해 왔다. 전설 속에서나 떠돌던 섬 아틀란티스Atlantis에 대한 새로운 가설을 안고 그는 고향인 필리핀 군도에서 '아틀란티스 컨퍼런스'를 위해 그리스의 밀로스Milos 섬으로 향했다. 아마추어 과학자인 알론조는 고국에서 산책을 하다 발견한 돌 하나를 컨퍼런스에 참가한 청중들에게 소개했다. 그는 이 돌이 고대 민족의 메시지를 담고 있다고 설명했다. 참가자들의 보고에 따르면 알론조는 강연에서 이 돌을 지질학적인 세계 지도에 올려 두고 돌에 있는 무늬가 지도의 지진 단층과 일치하도록 방향을 맞췄다고 한다. 그는 이 선을 따라 아틀란티스가 아이슬란드에서 영국을 지나 카나리아 제도까지 이어진다고 주장했다. 청중들은 이와 같은 어설픈 주장에 어안이 벙벙했고 이런 질문을 던질 수밖에 없었다. "이 돌이 어디에 놓여 있던 것인지 어떻게 안단 말인가?" 그러자 알론조는 웃으면서 강연이 끝났음을 알렸고 끝내 대답을 피했다.

이 에피소드에서 알 수 있듯이 아틀란티스의 몰락과 마찬가지로 아틀란티스에 관한 가설은 쉽게 무너진다. 이와 같은 현상은 밀로스 섬에서도 여러 번 나타났다. 전 세계 아틀란티스 애호가, 과학자, 철학자들이 밀로스 섬에 모여 48개의 새로운 설명을 교환했다. 그 중에는 납득이 가는 설명도 있었지만 입증되지 않은 것이 더 많았다. 이들은 트로이의 유적을 발굴한 하인리히 슐리만Heinrich Schliemann처럼 유명해지고 싶은 희망을 안고 값비싼 여행을 감행했지만 공허한 주장을 내놓기만 했다. 그래도 그 회의에 참석한 두 사람에게서만큼은 명예와 인정을 얻을 만한 기대를 가질 수 있었다.

### 플라톤에 의해 제기된 사라진 섬 아틀란티스

많은 이들이 플라톤에 의해 널리 퍼진 아틀란티스 이야기가 허튼 소리가 아니라는 것에 동의한다. 플라톤은 「티마이오스와 크리티아스 대화편(Timaios und Kritas, 플라톤의 자연학에 대한 대화편—옮긴이)」에서 약 1만 1500년 전, 단 며칠 만에 가라앉은 전설상의 대륙 아틀란티스에 대해 마치 여행 가이드처럼 상세하게 묘사하고 있다. 그 이후 아틀란티스를 찾으러 전 세계에서 많은 이들이 나섰으며 유적지 발굴이 수천 번 발표되었다.

밀로스 섬의 회의 참가자들도 우선 아틀란티스 애호가들의 일반적인 의심을 받고 있는 지브롤터 해협(Gibraltar, 스페인의 이베리아 반도 남단에서 지브롤터 해협을 향하여 남북으로 뻗어 있는 반도—옮긴이)에 관심을 가졌다. 플라톤에 따르면 아틀란티스는 "헤라클레스의 기둥 앞"에 있기 때문이다.

프랑스 엑스 마르세이유 대학의 지질학자인 자크 콜리나 지라르 Jacques Collina-Girard는 1984년 이미 소비에트 잠수함이 그곳을 수색했다면서, 지브롤터 해협의 바닷속에 있는 스파르텔Spartel 섬이 아틀란티스라고 주장했다. 이 섬이 알 수 없는 어느 시점에 해수면 상승으로 물에 잠겼다는 것이다.

이어서 브레스트 대학의 지리학자인 마크 앙드레 구셔Marc-Andre Gutscher가 강단에 올랐다. 그는 빙하기가 끝난 이후 지브롤터 해협에서 물이 차오르는 것을 애니메이션으로 보여줬다. 프로방스 출신의 자크 콜리나-지라르가 내놓은 스파르텔 섬 가설과 다르지 않았다. 1만 1500년 전 지브롤터 해협에서는 섬이 하나만 솟아나지는 않았다. 두 개의 바위 꼭대기가 보였다. 다만 물 위에 전체 섬이 있으려면 당시 해저가 지금보다 40미터 정도 더 높아야 할 것이다. 구셔는 그뒤 땅이 크게 꺼진 것은 여러 차례의 대지진 때문이라고 주장했다.

구셔는 그 지역에서 1755년 리스본을 초토화했던 대지진과 유사한 규모로 땅이 여덟 번 정도 흔들렸음을 직접 계산해 보였다. 도시를 초토화한 진동으로 실제로 이 지역이 몇 미터 정도 꺼진 적이 있지만 나머지 일곱 번의 진동에 대한 증거는 찾을 수 없었다. 그리고 그 지역 해저나 해안 어디에서도 석기 시대에 발달한 문명의 흔적은 발견되지 않았다.

아헨 공과대학RWTH Aachen 악셀 하우스만Axel Hausmann의 가설에서도 이와 비슷하게 높이 문제가 등장한다. 악셀 하우스만은 아틀란티스가 몰타와 시칠리아 사이의 고원과 동일하다고 주장했다. 두 섬 사이에 있는 약 6000년 된 오래된 건축물은 이 두 국가가 연결되어 있었음을 나타낸다는 것이다. 그는 또 그리스 연대학이 아니라 고대 이집트 연대학을 기초로 하면 이 시나리오가 플라톤이 설명한 전설과 일치한다고 주장한다. 한 가지 흠이라면, 그 고원이 당시 물속에 잠겼어야 한다는 것이다. 하지만 가라앉은 섬나라에 매료된 참가자들에게는 그런 세부 사항은 중요하지 않을지도 모른다. 말하자면, 참가자들은 난해한 가설들을 기분 좋게 경청하고 있었다.

한 아마추어 과학자는 수백만 년 전부터 있었던 남극의 얼음 지각 아래 아틀란티스가 있었다고 추측했다. 인도의 발달된 문명을 그리스에서 수입했을 것이므로 남인도가 아틀란티스 설화의 기원이라고 주장하는 이도 있었다. 다른 강연자는 플라톤이 남긴 기록의 데이터를 지구상의 모든 섬의 수치와 비교한 결과 일치하는 섬이 하나가 있는데 바로 아일랜드라고 했다. 아일랜드가 가라앉지 않았다는 사실은 부차적인 문제로 여기는 듯했다. 칠레 출신의 한 참가자는 자신의 강연에서 "아틀란티스는 이스라엘이었다"라고 재차 강조하기도 했다. 구동독이 아틀란티스였다는 말도 안 되는 가설이 나돌아도 결코 놀랍지 않을 것이다.

이스라엘 개방대학의 야이르 슐라인Yair Schlein은 이 논제는 플라톤의 이데아에 가까운 것이라고 보았다. 그는 플라톤이 이 이야기로 모든 공동체에는 종말의 씨앗이 들어 있음을 비유해서 나타내고자 했다고 해석했다. 덧붙여서 슐라인은 "아틀란티스의 자멸

하는 존재"가 특정인에게서도 인식된다고 설명했다. 이러한 주장은 지금까지 거의 모두 무너진 또 하나의 아틀란티스 가설에 추가된다.

**위치를 둘러싼 끊이지 않는 논란**

물론 예외가 없는 건 아니다. 함부르크의 경제학자인 지그프리트 쇼페Siegfried Schoppe와 크리스티안 쇼페Christian Schoppe는 아틀란티스가 흑해 남해안에 있었고 7500년 전 해수면 상승으로 가라앉았다고 추정했다. 그 당시 흑해는 오늘날보다 130미터 더 낮았는데, 마르마라 해Sea of Marmara에서 바닷물이 밀려 들어와 약 10만 평방킬로미터의 경작지(독일 면적의 4분의 1에 해당하는)를 단기간에 침수시켰다는 것이다. 실제로 해양지질학자인 로버트 발라드Robert Ballard에 따르면 흑해 약 100미터 깊이에서 신석기 유적지가 발견되었다고 한다. 인간이 바닷물로 인해 추방되었다는 증거인 셈이다.

지그프리트 쇼페와 크리스티안 쇼페는 흑해 연안에서 인도유럽어가 사방으로 퍼져 나갔다고 추정했다. 또한 아틀란티스는 한때 드네프르Dnjepr 강과 드네스테르Dnjestr 강, 그리고 부크Bug 강의 공동 삼각주에 있었다고 주장한다. 고대 이집트의 계산법에 따르면 플라톤의 이야기에 나온 사실은 유적지와 시기상으로 일치한다. 지그프리트 쇼페는 "지명 간판만 아직 찾지 못한 셈이다"라고 말한다. 이 두 학자들은 슐리만의 뒤를 이을 최고의 기회를 얻었다.

하지만 어쩌면 아틀란티스는 이미 발견되었을지도 모른다. 믿기 힘든 아틀란티스 가설 중 하나에 따르면 가라앉은 도시의 이름이 트로이와 동일한 의미라고 하니 말이다.

그러나 이 모두가 다 커다란 착각일 수도 있다. 이스라엘 하이파 대학의 철학자 아미후드 길레아드Amihud Gilead는 잔뜩 부풀어 오른 아틀란티스라는 풍선을 바늘로 찔러 터트렸다. 그는 아틀란티스란 사실 확인이 불가능한 플라톤의 상징이라고 주장했다. 가라앉은 도시를 부질없이 찾을수록 이러한 생각이 더욱 강해지는 것 같다.

지질학자의 다른 미스터리도 처음에는 전설 속의 이야기로 치부되었다. 그러나 다음 장에서 다룰 캘리포니아 데스밸리Death Valley의 사막 위에서 거대한 바위들이 살아서 움직이고 있는 현상은 실제로 입증되었다. 어떤 바위는 걸어 다니는 사람보다 더 빨리 움직인다고 한다. "도대체 이 바위를 움직이는 것은 무엇일까?" 과학자들은 여전히 수수께끼를 풀고 있다.

# 15.
# 살아서 움직이는
# 바위의 비밀

**캘리포니아 데스밸리의 바위가 움직이고 있다**

지질학자 토마스 클레멘트는 1952년 3월 고지에서 야영을 했다. 하지만 거센 비바람에 쫓겨 텐트 안으로 들어갈 수밖에 없었다. 해가 뜨고 클레멘트가 밖을 내다보자 다행히 텐트는 약간 우그러졌을 뿐 꿋꿋이 서 있었다. 그런데 새로운 고랑이 파여 모래에 길이 나 있고 바위들이 이동해 있었다. 세찬 바람이 바위를 움직인 것일까?

NASA의 과학자인 브라이언 잭슨Brian Jackson은 데스밸리가 마치 다른 행성처럼 신비스러웠다며 놀라움을 금치 못했다. 사막의 바닥에는 50킬로그램 정도의 바위들이 움직인 흔적이 나 있었다. 수십 년 전부터 과학자들은 이 바위들을 움직이는 것이 무엇인지 연구해왔다. 그러나 그 누구도 바위가 움직이고 있는 순간을 목격하지 못했다. 캘리포니아 데스밸리 국립공원에서는 카메라를 설치하여 촬영하는 것을 금지하고 있기 때문이다. 다만 수백 미터에 이르는 궤적으로 볼 때, 이 돌이 레이스 트랙 플라야Racetrack-Playa를 지나왔음을 알 수 있다.

잭슨을 중심으로 한 NASA 과학자들은 1948년부터 이 수수께끼를 조사해 오다가 최근 한 가지 해답을 가지고 실험을 해보았다. 과학자들은 바위에 이름을 지어줄 정도로 이미 살아 움직이는 돌과 친해져 있었다. '카렌'이라는 이름의 바위는 가장 큰 바위 중 하나로 무게가 320킬로그램 정도 된다. 또한 '다이앤'이라는 이름의 바위는 880미터를 이동해 왔다. 일반적으로 바위의 형태는 움직임에 아무런 영향을 주지 않는다. 연구진은 바위의 크기나 중량 또는 지형의 특성이 바위의 이동에 영향을 미치지 않는 것을 확인했다.

바위는 저마다 자기 인생을 사는 것처럼 각자 움직이지만, 어떤 바위들은 짝을 이루어 구부러진 좁고 긴 골짜기를 따라 나란히 움직이기도 한다. 대부분의 바위는 산 위로 움직이지만 몇몇은 산 아래로 움직이기도 한다.

계곡은 경사가 거의 없다. 킬로미터당 1센티미터도 되지 않는다. 많은 바위들은 거의 평평한 사막에서 지그재그로 움직인다. 어떤 경우는 흔적만 있을 뿐 바위는 없다. 간혹 모래를 헤치며 지나가는 바위도 있어서 바위에 부딪히는 모래가 이리저리 움직이며 작은 모래 언덕을 만들기도 한다. 어떤 바위는 사람이 걷는 속도보다 빠른 것도 있다. 장난으로 "주의:바위가 돌아다니고 있음!"이라는 표지판을 설치하고자 하는 이도 있었다.

데스밸리의 움직이는 바위.〈출처:(CC)Daniel Mayer at wikipedia.org〉

2010년 여름, 17명의 과학자와 대학생들이 NASA 과학자들의 지도를 받으며 생존이 어려운 캘리포니아의 소금과 모래 지역으로 탐사를 떠났다. 최대 연구 탐사 중 하나가 시작된 것이다. 그리고 하필이면 이름에 '미끄러지는 돌'이라는 의미가 담긴 펜실베이니아 슬리퍼리록Slippery Rock 대학의 과학자들이 이 탐사에 합류했다. 와이오밍 대학의 저스틴 와일드Justin Wilde는 그 탐사가 마치 보물찾기 같았다고 한다.

하지만 사막으로 향하는 탐사는 모험에 가까웠을 뿐만 아니라 무척 힘들었다. 바위의 날카로운 모서리에 자동차 타이어가 찢기는 일도 있었다. 최대 3300미터 높이의 산맥 고지에 있는 4.5킬로미터 길이에 2.2킬로미터 폭의 레이스 트랙에는 뜨거운 태양이 무자비하게 내리쬐었다. 극한의 날씨가 연구진을 꼼짝 못하게 하기도 했다. 여름에는 그늘에서도 온도가 섭씨 50도가 넘어 땀을 줄줄 흘릴 수밖에 없었고 겨울에는 지독한 눈보라에 떨어야 했다. 폭우가 내려 텐트가 물에 잠기거나 세찬 바람에 쓸려간 적도 있었다.

지질학자 토마스 클레멘트Thomas Clement는 답사차 선발대로 떠난 과학자 중 하나로 1952년 3월 고지에서 야영을 했다. 그는 답사에서 바위가 움직이는 것을 볼 수 있기를 기대했다. 하지만 이내 거센 비바람에 쫓겨 텐트 안으로 들어갈 수밖에 없었다. 해가 뜨고 클레멘트가 밖을 내다보자 다행히 텐트는 약간 우그러졌을 뿐 꿋꿋이 서 있었다. 그런데 새로운 고랑이 파여 모래에 길이 나 있고 바위들이 이동해 있었다. 중요한 순간을 놓친 것이다. 그렇다면 세찬 바람이 바위를 나른 것일까? 커다란 바위가 모래를 헤치며 이동하기 위해서는 시속 800킬로미터의 풍속이 필요하다. 최강의 허리케인도 이처럼 강한 바람을 일으키지는 못한다.

**비와 바람, 낮은 온도 때문일까?**

클레멘트는 그날 아침 중요한 사실을 하나 발견했다. 땅에 미끄러운 수막이 형성되어 있었던 것이다. 분명히 비가 윤활제 역할을 한 듯했다. 하지만 왜 많은 바위들이 마치 함께 이동이라도 하듯 완전히 평행선을 이루며 움직인 것일까? 클레멘트는 의문이 들었다. 그런데 어떻게 바람이 한 방향으로만 불어오는 곳에서 근처의 다른 바위들의 궤적은 반대 방향으로 나 있는 것일까? 그 중에는 토네이도가 분 것처럼 원형 궤적을 남긴 돌도 있었다.

오늘날까지도 연구진은 이따금 불어오는 강한 북동풍이 데스밸리 레이스 트랙의 동서쪽에서 다시 한 번 가속화되는 역할을 한다고 믿고 있다. 1993년부터 살아서 움직이는 바위를 연구하고 있는 산호세 주립대학의 지리학자 파울라 메시나Paula Messina는 대부분의 궤적이 동서쪽에서 북동쪽으로 부는 주요 바람의 방향에 놓여 있는 것을 확인했다. 하지만 드물게 동쪽과 남쪽을 향해 이동하거나 지그재그 또는 원형을 그리며 이동하는 바위들도 있다.

이 현상에 대해서는 지난 수십 년 동안 수많은 가설들이 난무했다. 외계인이나 동물들이 바위를 옮겨 놓았다는 설도 있다. 짓궂은 멕시코 사람들이 장난을 치는 것일까? 아니다, 사람이 옮겼다면 모래에 사람의 흔적이 남아야 한다, 지진 때문이다, 자력 때문이다, 증가한 중력 때문이다, 물의 흐름 때문이다, 등등의 설도 있었다.

하지만 측정 결과 이 모든 설은 틀린 것으로 나타났다. 살아 움직이는 바위의 비밀을 밝혀내고자 끊임없이 새로운 실험이 이어졌다. 바위가 함께 움직이는지 알아내기 위해서 연구진은 여러 가지 견본을 한데 묶어서 밀어 보았지만 실패했다. 한 지리학자는 강한 바람을 만들어내는 프로펠러를 만들고 땅에 물을 뿌렸다. 하지만 바위는 꿈쩍도 하지 않았다.

파울라 메시나는 한 걸음 더 나아가 흩어져 있는 바위들을 조사했다. 이 바위들은 주위 산에서 부서져 떨어진 일반적이고 별 특징 없는 돌로마이트dolomite 암석으로 밝혀졌다. 하지만 트랙 위에서는 몇 가지 특성들이 확인되었는데, 우선 땅이 아주 다른 환경으로 이루어져 있었다는 점이다. 빗물이 산에서 떨어져 나온 진흙을 씻어내지만 이 진흙이 어디로든 다 가는 것은 아니었다.

메시나는 땅에서 박테리아 매트Bakterienmatt도 발견했다. 이 박테리아 매트가 비가 올 때 바위가 더욱 잘 미끄러지게 만들 수 있을 것이다. 메시나는 폭풍우가 불 때 어떤 곳에서는 윤활막이 형성될 수도 있다는 결론을 내렸다. 그리고 토마스 클레멘트의 가설을 확인했다.

하지만 연구를 시작한 지 5년 뒤인 1998년, 움직이는 바위에 대한 박사 학위 취득을 앞두고 그녀는 "아무 결과도 없다"라는 사실을 깨달았다. 메시나는 지금까지 이 현상에 대한 그 어떤 확실한 해답도 찾지 못했다. 그래서 그녀는 지금도 레이스 트랙으로 계속 탐사를 간다. "나는 수수께끼 같은 이 바위들을 사랑한다"라고 메시나는 말한다.

대부분의 과학자들은 여러 가지 요인들이 바위를 움직이는 추진체 역할을 한다고 주장하지만 가설은 시간이 지나면서 점점 더 복잡해질 뿐이다. 다른 연구팀에서는 몇 개월에 걸친 계산으로 시나리오를 구성했다. 이 시나리오에 따르면 비가 오고 폭풍우가 치면 바위 아래에 작은 언덕이 생겨서 바위들이 미끄러진다는 것이다. 하지만 다른 전문가들은 이 주장에 회의적이었다.

2010년, NASA 탐사대는 1950년대 과학자인 조지 스탠리George Stanley의 가설을 추적했다. 그의 가설은 얼음이 바위를 움직인다는 것이었다. 스탠리에 의하면 기온이 떨어진 밤 사이 돌이 얼음에 싸여 살짝 언 사막을 미끄러지며 움직인다는 것이다. 그에 따르면 바람이 빙판 위에서 속도를 더해준다고 한다. 그러나 파울라 메시나는 얼음 잔재를 발견할 수 없다며 이 가설을 부정했다.

가설을 다시 한 번 검증하기 위해 NASA의 과학자인 군터 클레테취카Gunther Kletetschka는 2009년과 2010년 겨울, 캘리포니아 데스밸리 국립공원의 허가를 받아 움직이는 바위를 몇 개 골라 그 아래 센서를 묻었다. 그리고 온도와 습도를 측정한 결과 2010년 3월에 실제로 그곳에 얼음이 생성됐다는 것을 알아냈다. 하지만 군터 클레테취카도 정작 바위들이 움직일 때에는 측정할 수 없었다. 센서가 바닥에 매장되어 있는 동안 바위는 전혀 움직이지 않았다. 어쨌든 클레테취카는 이 현상에 대한 설명을 찾았다고 믿는다. 실험실에서 실험해 본 결과 부빙과 물이 놀라운 방식으로 돌을 움직이는 것을 확인할 수 있었기 때문이다.

연구실 실험에서 클레테취카는 일종의 수조에 작은 형태의 레이스 트랙을 만들었다. 바닥을 황토로 덮은 뒤 그 위에 돌을 하나 올려 놓았다. 그리고 수조의 덮개에 있는 구리 바가 온도를 제어하도록 했다. 금속이 영하 온도로 냉각되면 데스밸리의 추운 밤과 비슷한 환경이 만들어질 것이다. 하지만 우선 비를 만들어야 했다. 물을 유입하자 수조가 금방 차올랐다. 수십 년 전에 이미 과학자들은 세찬 폭우가 내린 뒤에 레이스 트랙이 있던 평지가 평평한 호수로 바뀐 것을 발견한 바 있다. 클레테취카는 수조의 구리 덮개를 어는점 이하로 냉각시켰다. 수조 안은 금세 영하로 기온이 떨어지며 고지와 유사한 조건이 만들어졌다. 수조에 있는 '호수'가 얼었다. 위에서부터 아래로 물이 얼기 시작했다. 마침내 얼음이 돌을 감쌌다.

하지만 수조 옆쪽에서는 계속 물이 공급되었다. 클레테취카는 고지에서는 비가 온 뒤 다량의 지하수가 계곡으로 흐른다며 캘리포니아 사막의 환경에 맞게 실험에 응용했다. 그러자 물이 얼음을 띄우고 이어 돌도 뜨기 시작했다. 다시 온도가 올라가자 얼음이 깨지면서 돌이 움직였다. 그는 평지의 얼음은 부빙으로 깨진다고 설명한다. 여러 부빙에 휩싸여 돌들이 움직일 것이라는 것이 그의 주장이다.

클레테취카에 따르면 바람, 계속 흐르는 빗물, 그리고 산의 그늘진 차가운 지대와 햇빛이 비치는 지역 간 온도 차이로 인해 생기는 흐름, 이 세 가지 힘이 부빙을 움직여 물과 얼음을 움직인다고 한다. 얼음이 얼면 커다란 바위도 움직일 수 있다. 그의 가설은 지금까지 밝혀지지 않은 현상들에 대한 충분한 해명이 되었다. 바위가 없고 궤적만 남은 것은 바닥을 긁는 점토 조각과 얼음에 뒤덮인 분지에서 생긴다. 넓어지는 고랑은 얼음이 녹으면서 바위가 점점 내려앉아서 생긴 것으로 해석할 수 있다. 그리고 작은 바위가 넓은 궤적을 낸 것은 바위에 얼음이 붙어 있기 때문이라고 볼 수 있다.

사소한 문제가 남은 이 커다란 수수께끼는 밝혀지기 직전에 있다고 할 수 있다. 하지만 클레테취카는 여전히 만족하고 있지 않다. 그는 반드시 바위가 혼자서 움직이는 것을 목격하려고 애쓰고 있다. 적어도 레이스 트랙에서 측정을 통해서라도 보고 싶다는 것이다. 바위 내부의 추가 센서는 바위가 물에 있는지 아니면 얼음에 있는지 여부를 나타내줄 것이다.

데스밸리에서 많은 연구가 진행되는 동안 움직이는 바위는 그 비밀을 유지하면서 점점 더 많은 관광객들을 끌어들이고 있다. 어쩌면 비전문가가 이 수수께끼를 풀지도 모른다. 바위가 어떻게 미끄러져 움직이는지 직접 눈으로 보기만 한다면 말이다.

16.
# 베일 속에 가려진 굉음

**세계 곳곳에서 울려 퍼지는 미스터리한 굉음**

1990년대 들어와 특히 건조한 지역에서 바람이 사구를 옮길 때 커다란 초승달 사구가 굉음을 내는 일이 실제로 일어나고 있는 것으로 밝혀졌다. 이때는 땅에 진동이 수반된다. 북극에서는 부유하는 빙하가 땅에 부딪히면서 소리를 내는 경우도 있다. 다른 곳에서는 채굴 중인 광산이 엄청난 굉음을 내며 붕괴되는 경우도 있다.

우르르 쾅쾅! 지금 세계 곳곳에서는 원인을 알 수 없는 굉음 때문에 경악하는 일이 벌어지고 있다. 어떤 것은 실제로 재해를 알리기도 하며, 때로는 정체불명의 빛과 함께 발생하는 굉음도 있다. 혹시 은밀하게 군사 작전이라도 벌이는 것은 아닐까? 이에 대해 전문가들은 그렇지 않다고 주장한다.

2011년 11월, 미국의 버몬트 주 버링턴Burlington에서는 느닷없이 요란한 굉음이 들렸다. 주민들은 그 지역 온라인 뉴스 블로그에 "집이 흔들릴 정도였다"라고 글을 올렸다. 다른 이들은 "굉음의 정체가 무엇인지 알았다면 걱정할 필요가 없을 텐데"라는 의견을 덧붙였다. 과학자들은 어쩌면 약한 지진이 굉음을 유발한 것일 수 있다는 의견을 내놓는다. 하지만 미국에서는 이와 같은 불가사의한 굉음의 원인이 미스터리로 남을 때가 더 많다.

이 현상에 대한 연구는 이미 수백 년 전부터 있어 왔다. 사람들은 굉음의 원인으로 뇌우나 화산 폭발을 꼽기도 하고, 최근 들어서는 전투기 충돌이나 폭발을 그 원인으로 지목하기도 한다. 버링턴의 주민들을 소스라치게 놀라게 했던 굉음에 대해 당시 NASA와 다른 연구기관의 연구진은 광범위한 소음 측정을 해보았지만 미스터리를 풀 수 없었다. 수십 년 전부터 이 현상을 연구해 온 미국 지질조사국의 데이비드 힐David Hill은 이 연구가 커다란 도전이었다고 말했다.

굉음은 지금도 전 세계 곳곳에서 일어난다. 벨기에 사람들은

'Mistpouffer'라고 하며, 인도 사람들은 'Bansal'이라고 하고 이탈리아 사람들은 'Brontidi', 미국 사람들은 'Seneca', 일본 사람들은 'Yan'이라고 부른다. 모두 의성어로 '천둥'이나 '굉음'에 해당하는 낱말을 은유적으로 표현한 것이다. 실제로 굉음 저편에 무엇이 있는지는 대부분 밝혀지지 않고 있다. 미국 지질조사국에 따르면, 수백 년 전 사람들은 마법 같은 이유가 있다고 믿었지만 오늘날에는 "아주 은밀한 군사 작전"이 수행되고 있는 것으로 추정하는 사람들이 많다고 한다. 그러나 각지에서 이렇게 오랜 시간 동안 은밀하게 진행될 수 있는 군사 작전은 없다는 게 나의 의견이다.

어쨌든 그 중에는 굉음의 원인이 밝혀진 것도 있다. 이집트 유목민족인 베두인Beduin 족은 예부터 사하라 사막에서 모래가 굉음을 내는 지역을 피해 다녔다. 1990년대 들어와 특히 건조한 지역에서 바람이 사구를 옮길 때 커다란 초승달 사구가 굉음을 내는 일이 실제로 일어나고 있는 것으로 밝혀졌다. 이때에는 땅에 진동이 수반된다. 북극에서는 부유하는 빙하가 땅에 부딪히면서 소리를 내는 경우도 있다. 다른 곳에서는 채굴 중인 광산이 엄청난 굉음을 내며 붕괴되기도 한다.

### 폭포와 악천후, 빙하가 만든 괴현상일까

지구 물리학자는 에콰도르 정글에서도 굉음에 얽힌 여러 가지 수수께끼를 풀었다. 뉴햄프셔 대학의 제프리 존슨Jeffrey Johnson 연구팀의 보고에 따르면 레벤타도르(Reventador, 에콰도르 안데스 산맥의 동부에 있는 활화산—옮긴이)와 샌라파엘San rafael 폭포가 굉음의 원인이었고, 이어서 악천후가 미스터리한 굉음을 만들었다고 보고했다. 벨기에 해안의 전설적인 굉음과 인도 벵골 만에서 일어난 굉음의 경우도 그 원인을 추정할 수 있었다. 《지진학 리서치 레터Seismology Research Letters》에서 밝힌 데이비드 힐David Hill의 설명에 따르면 멀리서 일어난 폭풍으로 해안에 밀려드는 파도가 모래톱에 부딪혀서 내는 소리일 수 있다는 것이다. 하지만 확실한 증거는 없다. 그 밖에 해저 기포의 분출이나 또 다른 원인 때문이라는 주장도 있다.

쓰나미는 아주 멀리서도 파동을 감지할 수 있다는 사실을 증명해준다. 2004년 12월 인도네시아에서는 수백 킬로미터 떨어진 곳에서 이상한 굉음이 들렸다. 더욱 놀라운 것은 그와 동시에 일본에서 해저지진이 발생했다는 보고였다. 1896년 일본 동북부의 산리쿠에서 쓰나미가 발생했는데, 당시 이를 겪은 사람들은 러시아 전함이 폭격을 한 것으로 믿었다. 하지만 섬광과 더불어 거대한 해일이 해안을 덮쳤다. 이른바 쓰나미가 굉음과 함께 발생한 것이다. 데이비드 힐은 어쩌면 해저 메탄이 요란하게 폭발하여 쓰나미를 일으키는 것일 수도 있다고 주장한다.

미국 뉴욕의 세네카 호수Seneca-See에서 일어난 굉음의 원인에 대해서도 조사가 이루어졌다. 미국 동북부의 다른 지역과 마찬가지로 그곳 주민들도 잦은 굉음에 시달렸다. 버링턴의 경우처럼 지진이 굉음의 원인일까? 그런데 지진이 아닌 것만은 확실했다. 지진학자들은 시간대에 따른 측정을 비교해서 세네카 굉음에 대해 조사했지만 일치하는 것은 없었다고 말한다.

또한 힐은 사우스캐롤라이나에서 일어난 미스터리한 굉음도 어쩌면 지진이 원인일 수 있다고 주장한다. 땅의 진동은 공기에 전달되는데, 20헤르츠 이상의 주파수부터는 인간이 음파로 감지할 수 있다는 것이다. 특히 높은 주파수의 소규모 진동은 끊임없이 굉음을 내지만 지진을 감지하기에는 약하기 때문에 대부분 원인이 밝혀지지 않고 있다. 하지만 2011년 초 뉴질랜드의 크라이스트처치 Christchurch에서처럼 어마어마한 굉음과 함께 파괴력이 강한 진동이 이어진 적도 있다. 음파는 최악의 진동을 일으킬 수 있다. 가로 방향으로 진동하는 전단파보다 빨라서 때로 집을 무너뜨리기도 한다.

일본과 멕시코, 미국의 지질학자들은 속도차를 이용해 지진 경보를 발령한다. 전단파가 도착할 때까지 몇 초 안에 철도를 멈추거나 신호등을 빨간색으로 바꾸거나 가스 선을 차단할 수 있다. 물론 다른 소리를 지진이라고 착각해 오경보를 하는 경우도 있다. 샌프란시스코에서 열린 지구물리학회AGU 회의에서 NASA 및 다른 연구소의 과학자들은 오경보를 방지하기 위한 방법을 제안했다. 지진을 알리는 굉음은 제트기보다 약간 더 낮은 주파수이기 때문에 충분히 감지할 수 있다. 과학자들은 이제 지진이 일어날 때에만 가동되고 다른 미스터리한 굉음은 무시하는 '굉음에 내성이 있는 지진 경보 시스템'을 구상하고 있다.

하지만 이러한 측정에도 불구하고 다른 굉음의 원인은 아직까지도 밝혀지지 않았다. 연구진은 계속 추측할 수밖에 없다. 예를 들어 데이비드 힐은 세네카 굉음은 천연 가스 폭발이나 폭풍 또는 해저지진 등 여러 가지 이유로 비롯되었을 것이라고 지적했다. 미국 지질조사국의 러스 휠러Rus Wheeler는 지구는 원래 복잡한 곳이며, 언젠가는 비밀이 밝혀질 것이라고 덧붙였다.

지구에는 오래전부터 굉음이 있었던 것으로 보인다. 한때 지구에 살았던 고대 생물에 대한 불가사의한 이야기들이 굉음을 둘러싼 미스터리로 남아 있을 수도 있다. 과학자들은 지구의 역사를 밝혀야 한다. 침몰한 지형을 나타내는 오래된 암석이 그 역사를 품고 있을 수도 있기 때문이다. 암석은 지구의 역사를 기록하는 일기장처럼 태고의 삶을 말해준다. 다음 장에서는 캐나다의 한 기사가 우연히 발견한 지구의 역사를 기록한 암석에 대해 다룰 것이다.

# 17.
# 태고의
# 기록

### 지구 역사의 비밀을 간직한 버제스 셰일의 압석

버제스 셰일은 약 5억 년 전 선캄브리아기에 무수히 많은 생물이 살았던 얕은 바닷속에 있었다. 생물들은 절벽이 붕괴되어 큰 재앙을 맞았다. 수천 마리의 동물들이 해저에 영원히 묻히고 말았다. 이 장소가 보존된 것은 실로 우연이었다. 산소가 없는 주위 환경 덕분에 죽은 동물들의 분해가 정상적으로 이루어지지 않았기 때문이다. 버제스 셰일에서는 굳은 시멘트처럼 화학 작용이 거의 일어나지 않았고 깊은 계곡 지역에서 동물들은 거의 살아 있을 때 그대로의 상태로 보존되었다.

말 한 마리가 과학자에게 위대한 발견의 단서를 안겨준 일이 있다. 1909년 8월 31일, 미국의 고생물학자인 찰스 월콧Charles Doolittle Walcott은 아내와 함께 말을 타고 버제스 고개Burgess Pass를 넘어 캐나다 로키 산맥을 지나고 있었다. 기록에 따르면 월콧의 아내가 탄 말이 돌에 미끄러져 넘어졌다고 한다. 월콧은 넘어진 말을 일으키려고 자신의 말에서 내려왔다. 그러다 우연히 말이 비틀거리면서 뒤집어 놓은 셰일(Shale, 운반작용으로 생성되는 퇴적암 중 입자의 크기가 64마이크로미터보다 작고 층과 평행하게 박리되는 암석으로, 엽층이나 박리가 발달한 점토질 암석—옮긴이)을 발견하게 되었다. 고생물학계에는 역사적인 발견의 순간이었다. 게다가 그 셰일은 다윈 진화론의 주요한 증거가 되었다. 월콧은 셰일에서 작은 동물의 화석을 발견했다.

미국 뉴욕 주의 유티카Utica에 거주하는 열정적인 과학자 월콧은 전체 셰일을 뒤집어 보기 위해 분명히 그곳에 머물고 싶었을 것이다. 하지만 악천후 때문에 그는 집으로 돌아올 수밖에 없었다. 월콧은 지도에 그 장소를 표시해 두었다. 물론 그는 당시만 해도 자신이 태고의 최대 보고를 발견했다는 사실을 전혀 알지 못했다. 그저 흥미로운 발굴이거니 여겼을 뿐이다.

이듬해 봄, 월콧은 다시 그곳을 찾아갔다. 그는 돌이 바위 절벽에서 떨어졌다는 것을 알아냈다. 산사태의 흔적은 산 정상까지 이어져 있었다. 2400미터 높이에서 보니 주택가가 늘어선 듯한 규모의 셰일을 발견할 수 있었다. 무수히 많은 고생대 생물의 화석이 검은 암석에서 희미한 빛을 내뿜고 있었다.

마치 삶의 궤적처럼 이 흥미로운 돌산은 이른바 5억 년 전의 캄브리아기 대폭발Kambrische Explosion이라는 지구 역사의 한 장을 고스란히 보존하고 있었다. 그것은 지구 생물의 빅뱅과 같았다. 그곳에는 수백만 년에 걸친 동물군의 거의 모든 화석이 남아 있었다. 35억 년 전에 지구는 황량한 행성에 지나지 않았다. 박테리아와 원핵세포만이 얕은 바다에서 서식하고 있었을 뿐이다. 그러다 갑자기 캄브리아기에 더욱 수준이 높은 형태의 생물군들이 출현했다. 만약 버제스 셰일의 발견이 없었다면 진화에 결정적인 공헌을 한 이 시기는 밝혀지지 않았을 것이다. 이 시기에 생물은 진화에서 비약적인 발전을 이루었다. 런던의 고생물학자인 리처드 포티Richard Fortey는 "그것은 마치 무대의 막이 열리며 제1막에서 갑자기 이 시기가 나타난 것과 같았다"라고 말한다.

**수백만 년에 걸친 동물군의 화석을 발견하다**

그 뒤로도 이처럼 과학적으로 어마어마한 의미를 지닌 많은 화석들이 발견된 적은 없었다. 과학자들은 지금도 버제스 셰일에서 발견된 140종이나 되는 다양한 암석의 형태에 놀라움을 금치 못한다. 포티는 버제스 셰일을 보면 지구가 한때 풍요로웠으며, 또 이를 헤아리는 것이 참으로 어렵다고 말한다. 월콧은 이 셰일에서 약

7만 개의 화석을 발견했다. 처음에 그는 전 세계 곳곳의 박물관으로 화석을 보냈다. 포티는 "어쩌면 월콧은 학계에서 자신의 흥미로운 발견을 의심할지도 모른다고 여겼을 것이다"라고 덧붙였다. 이름을 붙일 때도 월콧은 되도록 안전하게 주요 고생물학자의 이름을 따서 붙였다. 예컨대 마렐라Marrella는 당대 영국 고생대 연구의 최고봉인 조니 마Johnny Marr의 이름을 딴 것이다.

버제스 셰일은 약 5억 년 전 선캄브리아기에 무수히 많은 생물이 살았던 얕은 바닷속에 있었다. 생물들은 절벽이 붕괴되어 큰 재앙을 맞았다. 수천 마리의 동물들이 해저에 영원히 묻히고 만 것이다. 이 장소가 보존된 것은 실로 우연이었다. 산소가 없는 주위 환경 덕분에 죽은 동물들의 분해가 정상적으로 이루어지지 않았기 때문이다. 버제스 셰일에서는 굳은 시멘트처럼 화학 작용이 거의 일어나지 않았다. 깊은 계곡 지역은 거의 그대로 보존되어 있었다. 2002년에 사망한 저명한 고생물학자 스티븐 제이 굴드Stephen Jay Gould는 오늘날의 바다 생물이 버제스 셰일이 있던 천해의 생물보다 훨씬 다양하지 않다는 사실에 놀랐다. 리처드 포티Richard Fortey는 당시 수서동물의 종류가 다양해서 생선 장사는 좋아했을지도 모르겠다는 우스갯소리를 던지기도 했다.

버제스 셰일에서 발견한 화석은 그야말로 경이로웠다. 아노말로카리스anoma locaris canadensis라는 이름의 한 포식동물은 끝이 뾰족한 모습이 영락없이 크리스마스 트리처럼 생겼다. 오파비니아

Opabinia는 눈이 5개였고 구멍에 갈퀴가 달린 기다란 코가 있다. 할루시제니아Hallucigenia는 7쌍의 촉수로 해저를 쏠고 다녔을 것이다. 오돈토그리프스Odontogriphus는 연체동물로 둥글고 납작한 모양이었다. 피카이아Pikaia gracilens는 가늘고 긴 민달팽이처럼 생겨 학자들에게 경외감을 불러일으킨다. 원시 척추를 가지고 있는 이 피카이아는 인간을 포함한 모든 척추동물의 조상인 셈이다.

만약 피카이아가 캄브리아기의 대폭발 과정에서 살아남지 않았다면 과연 인간이 있었을까? 스티븐 제이 굴드는 그렇지 않을 것이라고 말한다. 그는 자신의 저서『놀라운 생명』(1989)에서 인간의 출현은 모든 생물의 진화와 마찬가지로 우연에 의한 것이었다고 밝혔다. 이로 인해 진화에 대한 논의에 불이 붙기 시작했다.

굴드는 '종의 기원'은 우연에 의한 것이라고 주장했다. 버제스 셰일 시대까지 이어지는 생명의 끈이 되감겼다가 다시 풀린 것이며, 인간의 지능이 발달한 것은 "단지 행운에 불과한 것"이라고 그는 말한다.

### 진화의 새로운 패러다임을 열다

리처드 포티는 굴드가 새로운 형태의 계통수를 만들었다고 말한다. 예전에는 '진화'라는 것이 옆으로 가지를 뻗으며 위로 올라가는 '일종의 나무' 같은 모양일 것이라고 생각했었다. 그러나 버제스

1915년 찰스 월콧(가장 오른쪽)이 스미소니언 연구소의 동료들과 함께 버제스 셰일을 발굴하고 있는 모습.⟨출처:(CC)wikipedia.org⟩

버제스 셰일의 마렐라 화석.⟨출처:(CC)Verisimilus at wikipedia.org⟩

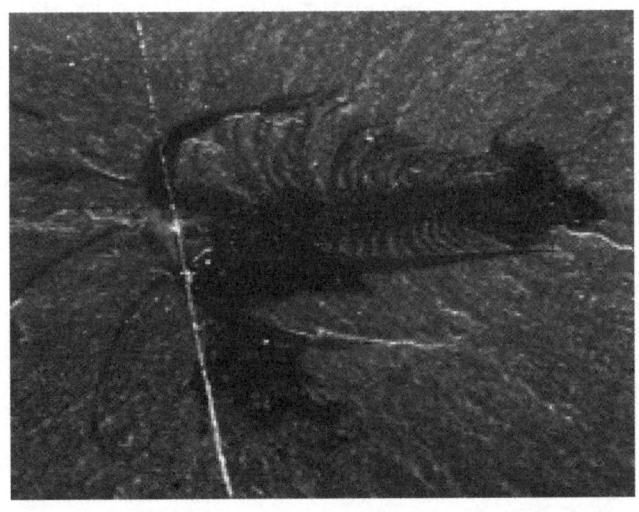

셰일 동물군의 다양성은 굴드로 하여금 생물의 진화가 아래는 넓고 위로 갈수록 점점 가늘어지는 형태의 나무일 것이라는 결론을 내리게 만들었다. 굴드는 생물은 살아남은 소수가 세분화되는 '죽음의 역사'라고 기록했다. 이에 반대 의견을 제시하는 전문가들도 있다. 그들의 주장은 대폭발이 그렇게 큰 영향을 미치지는 않았을 것이고 진화는 균일하게 이루어지고 있다는 것이다.

이러한 시각을 가진 대표적인 고생물학자가 찰스 월콧이었다. 월콧은 1927년 그가 죽을 때까지 대부분의 여름 휴가를 버제스 셰일에서 보냈다. 그의 연구는 책장을 가득 메울 정도였다. 하지만 월콧이 사망한 뒤로 버제스 화석은 45년간 미국 워싱턴에 있는 국립자연사박물관의 장벽 안으로 사라졌다.

1970년대에 들어와 비로소 영국의 고생물학자인 사이먼 콘웨이 모리스Simon Conway Morris와 해리 휘팅톤Harry Whittington, 그리고 데릭 브릭스Derek Briggs가 이의를 제기했다. 스티븐 제이 굴드는 바로 그때부터 월콧이 승리자에서 패배자로 자리바꿈하게 되었다고 서술했다. 소장품을 처음 조사한 콘웨이 모리스는 놀라움을 금치 못했다. 월콧이 버제스 셰일의 화석을 모조리 오늘날 살아 있는 종에 편입시켰기 때문이다. 모리스는 대부분의 이 고대 동물에게는 현대 자손이 없다는 사실을 알아냈다. 굴드는 월콧이 자신의 발굴물을 잘못 해석하고 있었다고 지적했다. 그는 월콧의 해석대로라면 생물은 '예상할 수 있는 필연'으로 계속 진화하게 된다면서 월콧을

맹렬하게 비난했다. 그러나 다른 과학자들은 굴드의 이와 같은 새로운 해석이 월콧의 해석과 크게 다르지 않다며 그의 행동을 나무랐다.

월콧의 오류는 간과해서는 안 될 중요한 것이었다. 언젠가 사이먼 콘웨이 모리스가 새로운 화석 해안을 발견한 적이 있었다. 이때 그는 "제기랄. 새로운 종이 아니잖아!"라며 투덜거렸다고 한다. 잘못된 해석은 가장 위대한 과학적 발견을 한 학자 중의 한 사람이라는 월콧의 명성을 크게 위협하지는 않았다. 버제스에 있는 그의 발굴물은 최근에 유네스코 세계문화유산으로 지정되었다. 학자들은 오늘날까지 계속 이곳에서 화석을 찾고 있다. 캐나다 토론토에 있는 로열 온타리오 박물관에만 15만 개의 표본이 소장되어 있다. 그리고 점점 더 많은 고생물학자들이 연구를 위해 점점 더 많은 화석을 버제스에서 가져온다.

지구의 역사만 비밀을 간직하고 있는 것은 아니다. 아직까지 밝혀지지 않은 지구의 기본적인 특징도 많이 있다. 물론 그것들은 아무도 궁금해 하지 않은 특징들이기 때문일 것이다. 대도시와 시골의 무게는 어떻게 될까? 실제 지역별로 무게를 계산한 과학자도 있다. 다음 장에서는 중부 유럽에서 매우 심각하게 다룬 지구의 무게에 대해 살펴볼 것이다.

# 18.
# 독일의 무게는 2경 8000조 톤

**지각의 두께와 암석의 무게로 산출한 지구의 무게**

독일의 중앙 고지대 아래에는 태고 해양의 바닥이 있는 것으로 밝혀졌다. 이 해양 바닥이 약 400만 년 전 쐐기처럼 지각으로 밀려 독일 남부가 북부에 비해 높게 솟아오르게 되었다. 이러한 과거의 지질학적 사건으로 말미암아 지역적 무게 차이가 뚜렷해졌다. 독일은 북쪽과 남서쪽이 가장 가볍다는 것도 알게 되었다.

지구 대륙은 그 크기와 높이, 구조 등 아주 외진 곳까지 모두 측정되었다. 하지만 한 가지 간과한 것이 있다. 지구의 무게에 대해서는 아직까지 연구가 진척된 바가 없다는 사실이다. 나는 과학자들에게 요청해 도시와 시골을 저울에 올려 무게를 계산하기로 했다.

대륙은 대부분 흙이나 모래층이 얇게 덮인 거대한 돌덩이로 이루어져 있다. 이 돌덩이는 해저와 함께 맨틀Mantle과 맞닿은 지각을 이룬다. 이 대해저의 석판 두께가 수 킬로미터에 불과하다면 대륙의 두께는 수십 킬로미터에 달한다.

대륙이 존재하는 것은 해저와 대륙이 서로 다른 물질로 구성되어 있기 때문이다. 해양 지각은 현무암으로 이루어져 있다. 무거운 암석이 깊숙이 가라앉아서 물을 모으는 수조를 이루는데, 이것이 바로 바다이다. 반면 대륙은 대부분 비슷한 무게의 화강암으로 이루어져 있다. 해수면에서 그 높이가 평균 125미터 정도 된다. 또한 화산 폭발로 육지는 계속 늘어나고 있다.

포츠담 지구과학연구센터에서는 나의 연구에 기꺼이 동참해 주었다. 그들은 지각의 두께와 해당 암석의 무게에 대한 현재 데이터를 기초로 개별 지역의 무게를 계산해 주었다. 그 계산에 따르면 독일의 무게는 2경 8000조 톤이다. 다시 말해 28에 영이 15개가 붙는 28000000000000000이다. 노르트라인 베스트팔렌Nordrhein-Westfalen 주의 무게는 그 10분의 1이다. 즉, 2800조 톤이다. 바이에른Bayern 주는 거의 두 배인 6000조 톤 정도 된다.

135

이와 같은 계산이 얼핏 장난스러워 보이지만 그 뒤에는 진지한 과학적 배경이 있다. 우리는 지진 데이터를 통해 지진에 대한 정보를 얻는다. 예를 들어 독일의 중앙 고지대 아래에는 태고 해양의 바닥이 있는 것으로 밝혀졌다. 이 해양 바닥이 약 400만 년 전 쐐기처럼 지각으로 밀려 독일 남부가 북부에 비해 높게 솟아오르게 되었다. 이러한 과거의 지질학적 사건으로 말미암아 지역적 무게 차이가 뚜렷해졌다.

우리가 무게를 측정한 결과 독일은 북쪽과 남서쪽이 가장 가볍다는 것이 밝혀졌기 때문이다. 독일의 북쪽과 남서쪽은 지각이 다른 곳에 비해 더 얇고 곳곳이 더 얇은 암석으로 이루어져 있다. 베를린과 함부르크를 비교하면 두 도시는 면적은 그다지 차이가 없지만 무게는 매우 달랐다(베를린 898제곱킬로미터, 함부르크 755제곱킬로미터). 베를린의 무게는 82조 톤이고, 함부르크는 그 57조 톤에 불과하다. 또한 베를린의 맨틀 두께는 33킬로미터인 반면 함부르크는 27킬로미터이다.

지각은 모든 생물의 터전을 이루며 천연자원이 매장되어 있다. 하지만 놀랍게도 연구진은 지구의 표면에 대해서는 거의 아는 게 없었다. 가장 깊은 시추공이라고 해야 대륙 지각의 3분의 1 정도에 들어갈 뿐이며 그 깊이 또한 12킬로미터에 불과하기 때문이다. 지각이 지구 용량의 300분의 1에 불과하다는 것을 생각해 보면 지금까지 지구 내부에 대해 우리가 아는 것이 거의 없다고 할 수 있다. 그래서 지하에 대한 정보를 얻기 위해 과학자들은 지진파에 관심을 기울이기 시작했다. 그 진동파는 지구를 관통하며 지구 내부에 대한 정보를 전달해 준다.

진동파는 어떤 물질을 지나느냐에 따라 속도가 달라진다. 1984년 이후 이런 방법으로 독일의 지반에 대한 체계적인 조사가 이루어졌다. 독일 대륙 탄성파 반사 프로그램Dekorp 팀장이자 포츠담 지구과학연구센터의 연구원인 오노 온켄Onno Oncken은 전에는 기껏해야 풀뿌리까지만 파악할 수 있었다고 털어놓았다.

예컨대, 독일 대륙 탄성파 프로그램 연구진은 독일 지반 아래에 지각이 얼마나 되는지 산출할 수 있었다. 산출 결과, 그 깊이는 20~40킬로미터였다. 가장 단단한 암석까지 이어지는 부분이 맨틀 경계를 나타낸다. 깊은 곳에서만 맨틀 경계가 있으며 대부분 감람석 광물로 이루어져 있다. 지각 경계에서는 장벽에 부딪히는 것과 흡사한 많은 지진파가 충돌한다.

이 면은 발견자의 이름을 따서 모호로비치치 불연속면Mohorovicic-Diskontinutaet, 줄여서 '모호면Moho'이라고 한다. 오스트리아와 스위스의 다른 지역에 비해 독일의 도시는 확실히 더 가볍다. 알프스 지역은 전체적으로 지각이 더 두껍기 때문에 무게도 더 나가기 때문이다. '모호면'은 산 아래 최대 55킬로미터 깊이까지 내려간다. 빙산과 마찬가지로 산의 대부분은 지하에 묻혀 있고 봉우리만 보인다.

### 땅이 무거워지고 있는 것은 지각판이 밀리기 때문이다

빈 공과대학의 미하엘 벰Michael Behm에 따르면 지면 위의 거대한 산은 오스트리아 무게의 50분의 1을 차지한다고 한다. 그는 오스트리아의 무게가 9600조 톤이라고 산출했다. 오스트리아의 면적은 독일 면적의 4분의 1에 불과하지만 그 무게는 독일 무게의 3분의 1이다. 오스트리아는 평방미터당 무게가 유럽에서 가장 많이 나가는 나라 중 하나이다. 벰과 에발트 브뤼켈Ewald Brückl을 중심으로 한 빈 연구진의 데이터는 2002년 여름 동알프스의 시추공에서 일으킨 일련의 폭발을 기반으로 하고 있다. 폭발의 파장은 지각을 관통하여 '모호면'에서 반사되었고 지표의 지진 센서에 기록되었다.

ALP 2002 프로젝트의 범위에서 얻은 데이터에 따르면 오스트리아 지하는 세계에서 가장 탐색이 잘된 곳에 해당한다. 벰 연구진은 평가를 하는 과정에서 놀라운 사실을 알아냈다. 그들은 남오스트리아 아래 약 30킬로미터 지점에서 지금까지 알려지지 않았던 '파노니아판Pannonische Platte'을 발견했다. 이 작은 판은 유럽과 아드리아의 두 판 사이에 있는데 두 판을 마치 나사처럼 조여 동쪽으로 밀어주는 역할을 한다고 한다.

스위스도 4경 2000조 톤으로 제곱미터당 무게가 유럽에서 가장 무거운 나라 중 하나이다. 그러나 스위스 북부는 맨틀 경계의 깊이가 32킬로미터밖에 되지 않는다. 그래서 그곳에 있는 도시들은 무게가 덜 나간다. 취리히의 무게는 7조 9000억 톤이고 베른의 무게는 4조 9000억 톤이며 바젤의 무게는 1조 9000억 톤이다.

사실 세계에서 가장 무거운 나라는 다른 대륙에 있다. 산악지대라서 지각이 두꺼울 뿐만 아니라 '모호면'이 수천 킬로미터에 걸쳐 40킬로미터 이상의 깊이를 지니고 있는 나라이다. 약 30억 년 전에 생긴 가장 오래된 대륙이 무게가 가장 무거운 것으로 조사되었다. 이곳은 시간이 지나면서 판 충돌과 화산 폭발로 암석이 가장 많이 축적된 곳으로, 바로 캐나다, 오스트레일리아, 스칸디나비아 반도이다. 이 지역들과 비교하면 중부 유럽은 가벼운 편이다.

땅이 점점 더 무거워지고 있는 것은 지각판이 서로 밀리기 때문이다. 하지만 여기서 의문이 생긴다. 지구의 역사가 진행되면서 왜 거의 모든 대륙에서 북반구로 밀리는 현상이 일어나는 것일까? 다음 장에서는 북반구에서 땅의 밀림 현상이 일어나는 이유를 설명할 것이다. 그동안 지구 내부를 잘 알지 못했기 때문에 이러한 현상은 2007년에 들어와서야 비로소 사람들의 주목을 받기 시작했다.

# 19.
# 대륙이동설의 발견

**왜 대부분의 대륙은 북반구에 있을까?**

왜 대부분의 대륙은 지구 북반구에 있을까? 또 남반구는 왜 대부분 바다로 이루어져 있을까? 이러한 불균형은 지구의 구 형태 때문이라는 것이 학자들의 주장이다. 맥카시의 계산에 따르면 지각판이 북쪽으로 이동하는 속도에는 가속도가 붙는다. 이유는 지구가 구 형태를 이루고 있기 때문이다. 북쪽으로 이동하는 해저는 많은 공간을 갖게 되므로 남쪽에서는 땅이 거침없이 움직일 수 있게 된다는 것이다. 지난 2억 년 동안 대부분의 대륙이 이런 식으로 북반구로 이동했다.

과학자들은 그다지 궁금해 하지 않지만 아이들은 이런 질문을 자주 한다. 예를 들어 왜 대부분의 대륙은 지구 북반구에 있을까? 또 남반구는 왜 대부분 바다로 이루어져 있을까 하는 것들이다. 지구본을 보면 당연히 이런 의문이 들 것이다.

지금까지 지구과학자들은 그 질문에 대해 다소 유치하지만 그럴 듯한 답변을 내놓았다. 즉, 판의 이동이 우연히 이런 형태를 만들었다는 것이다. 하지만 이처럼 판이 어떤 법칙이 없이 움직인다는 설명은 그리 만족스럽지는 않다. 이럴 때는 오히려 저명한 학자가 아닌 자연사박물관의 한 평범한 직원이 내놓은 답변이 더 일리가 있다. 뉴욕 국립 버팔로 과학박물관Museum of Science in Buffalo의 직원인 데니스 맥카시Dennis McCarthy가 지구본을 관찰하다가 그 답을 찾아낸 주인공이다. 그에 따르면 지구과학자들은 권위에 사로잡혀 숲을 보지 못하고 나무만 본 셈이다.

지구의 다른 대륙과 수천 킬로미터나 떨어진 남극을 보면 남극 지방은 움직임이 거의 없다. 모든 땅 덩어리 중에서 특히 예외적이다. 해저에 연속해서 뻗어 넓게 좌우 대칭형으로 솟아 있는 해저 산맥인 대양저 산맥 3킬로미터가 남쪽 대륙을 에워싸고 있다.

이 대양저 산맥에서 끊임없이 용암이 분출되면서 새로운 지각이 형성된다. 깊은 곳에서 분출된 용암은 새로운 지각을 양쪽으로 밀어낸다. 남극 자체는 안정되어 있고 판은 고리 형태처럼 에워싸인 이 해저 산맥 내에 자리잡고 있다. 이때 지각 구조의 압력이 북쪽으로 더해질 때 그곳으로 해저가 움직인다. 따라서 남쪽 대륙 주변 판은 적도 방향으로 밀리게 된다.

맥카시는 이러한 이동과 땅의 형태가 북반구와 남반구의 차이를 만든다는 것을 밝혀냈다. 적도에 있는 경도들이 극 가까이보다 더 떨어져 있는 것과 마찬가지로 판은 남극에서 북쪽으로 움직이려고 한다. 남반구의 해저가 균열을 만들기 때문이다. 그곳에서 끊임없이 새 해저가 생겨나 남쪽은 바다의 면적이 넓어지는 것이다.

**해저 균열로 남반구의 바다는 넓어지고 있다**

지구의 구 형태도 이러한 설명에 도움이 될까? 지도를 살펴보면 지도 제작자의 세계관이 드러난다. 지도를 제작할 때 첫 번째 희생양은 항상 남극이었다. 이상하게 찌그러뜨리는가 하면 지도 하단 가장자리를 울퉁불퉁한 선으로 나타내거나 잘라내기도 했다. 남극과 해저 용암 산맥은 판 지각의 회전점과 축점으로 눈에 들어오지 않았다. 포츠담 지구과학연구센터의 헬무트 에흐틀러Helmut Echtler는 관점의 문제일 수도 있다고 말한다. 지도의 가장자리에 있기 때문에 남쪽 대륙이 잘 보이지 않는다는 것이다. 맥카시는 GPS 측정으로 산출해서 제공되는 이동 방향과 판 속도가 표시된 지질학 표준지도Nuvel-1를 사용했다. 판은 모든 방향으로 움직이고 있었다. 하지만 맥카시는 꼼꼼하게 표에 벡터를 기록하기 시작했다. 그 결과 지각판이 특히 북쪽으로 이동한다는 사실을 알아냈다.

맥카시의 계산에 따르면 지각판이 북쪽으로 이동하는 속도에는 가속도가 붙는다. 이유는 지구가 구 형태를 이루고 있기 때문이다. 북쪽으로 이동하는 해저는 많은 공간을 갖게 되므로 남쪽에서는 땅이 거침없이 움직일 수 있게 된다는 것이다. 지난 2억 년 동안 대부분의 대륙이 이런 식으로 북반구로 이동했다.

북반구에서는 대륙이 서로 밀리면서 여러 곳에서 지각판이 충돌한다. 충돌면은 예를 들어 유럽에서 동아시아로 이어져 있다. 이 면을 따라 알프스와 히말라야와 같은 산맥이 솟아 있다. 아프리카와 인도와 같은 지역은 산비탈을 따라 미끄러지듯이 남쪽에서 유라시아 대륙으로 이동한다. 충돌은 북반구에 있는 판에서 멈춘다. 맥카시의 계산에 따르면 적도에서 북쪽으로 갈수록 판의 움직임이 더 느려지고 둔화된다.

**북반구에서 땅의 밀림 현상이 나타나는 이유는?**

학계는 그의 연구에 놀라움을 금치 못했다. 포츠담 지구과학연구센터의 판구조 전문가 오노 온켄은 맥카시의 연구가 지각판의 이동을 기하학으로 멋지게 설명했다고 말한다. 지금까지 판 이동은 측정된 이동을 바탕으로 재구성되었다. 이제 맥카시의 기하학 법칙으로 이제 대륙의 생성과 소멸을 설명할 수 있을지도 모른다.

지구 역사가 진행되면서 땅덩어리는 여러 차례 하나의 초대륙(그리스어로 '통합된 땅'을 의미하는 '판게아Pangaea'라고도 함—옮긴이)으로 통합되었다. 왜 이런 현상이 생겼는지 오랫동안 의문이 풀리지 않았다.

새로운 연구에 따르면 판은 제멋대로 이동하는 게 아니라 체계적으로 이동한다. 약 2억 2500만 년 전, 지구상의 대부분 대륙지각들이 모여 하나의 대륙을 이루고 남반구에는 일부만 있었던 마지막 초대륙인 판게아는 약 2억 년 전에 붕괴되었다. 하나의 균열에서 오늘날 남극 주변으로 해저산맥이 생겼다. 그 해저산맥에서 분출하는 용암은 그때부터 북쪽으로 판을 계속 이동시키고 있는 것이다. 『판구조론Plattentektonik』의 저자이자 튀빙겐 대학의 교수인 볼프강 프리쉬Wolfgang Frisch는 먼 미래에는 지금의 대륙이 어쩌면 북쪽에서 하나로 합쳐질 수 있을 것이라고 말한다.

그리고 북극 가까이에 거대한 화산 산맥이 생기면 그때 다시 다음 대륙의 사이클이 시작될 것이라고 한다. 프리쉬는 맥카시의 기하학 법칙에 따라 판이 다시 남쪽으로 이동하고 북쪽에서는 거대한 새로운 해양이 생길지도 모른다는 추측을 내놓았다.

대륙의 이동은 비참한 결과를 가져오기도 한다. 지진이 일어나 도시를 파괴하고 온 지역을 초토화시키면서 수천 명의 목숨을 앗아가기도 한다. 100년 전부터 과학자들은 진동으로 지진을 예측하려고 했다. 다음 장에서는 과학의 최대 난점 중의 하나인 지진 예보의 실패에 대해 설명할 것이다.

# 20.
# 보름달, 보름달, 지진?

**지진을 예보하는 과학적, 비과학적 신호들**

1971년 옛 소련의 한 과학자가 모스크바의 국제회의에서 자신의 연구팀이 목표를 달성했다고 발표했다. 그들은 어떤 신호가 지진을 예고하는지 알아냈다고 주장했는데, 한 번의 진동 전에 땅에서 진동의 속도가 바뀐다는 것이다. 미국에서 온 참가자들은 이러한 데이터를 검증하고 확인했으며 그 원인을 추가로 밝혀냈다. 지진 전에는 암석에 작은 균열이 발생하고 전기 저항도 바뀐다는 것이다.

개가 인간에게 재앙을 미리 알려줄 수 있을까? 1911년 11월 18일, 오스트리아 빈의 일간지인 《노이에 프라이에 프레세Neue Freie Presse》에는 개 한 마리가 지진을 예상했다는 아더 쉬츠Artur Schütz의 기고문이 게재되었다. 실험실에서 자고 있던 자신의 개가 지진이 일어나기 30분 전에 눈에 띨 만큼 불안한 징조를 보였다는 것이다. '전압의 변화' '원심력 조절기' '키 홈'과 같은 전문적인 기술용어들이 이 글에 설득력을 실어 주었다. 하지만 쉬츠는 바로 다음 날 그 기고가 장난이었음을 실토했다.

지진학 선구자들은 쉬츠의 기사에 크게 관심을 갖지 않았다. 지진학자들은 이미 5년 전부터 대지의 커다란 진동에 대한 경고 신호를 찾기 시작했다. 1906년 4월 18일 이른 새벽, 캘리포니아에 있는 산안드레아스 단층San-Andres-Erdspalte에 균열이 일어났다. 그 지진으로 샌프란시스코에서 최소 3000여 명의 사망자가 발생했다. 그리고 바로 이 재앙으로 현대 지진학이 탄생하게 되었다.

1910년 지진학자인 해리 리드Harry Reid는 지진이 규칙적으로 발생한다는 사실을 발견했다. 해리 리드는 지각 안에는 지진이 발생할 때 분출하는 응력이 있다고 추정했다. 또한 휴지기가 길수록 진동이 커진다고 한다. 이러한 기본적인 인식에 따른다면 어떻게 이 커다란 응력을 측정하느냐 하는 문제를 해결해야 할 것이다.

1935년 지진학자들은 이에 근접한 대답을 얻은 것으로 보인다. 첫 번째 영웅이 나타난 것이다. 31세의 루벤 그린스펀Reuben

Greenspan은 달과 해의 상태에 따라 몇 가지 지진을 예고할 수 있다고 주장했다. 그동안 인도에서 발생한 지진으로 5만 6000명이 죽었다. 루벤의 아내 미리엄은 "물론 무척 안타까운 일이지만 사람들이 이로 인해 루벤의 이론에 귀를 기울이게 될 것이다"라고 큰소리쳤다. 하지만 보름달이 기울었다가 찼는데도 다른 강한 지진이 일어나지 않았고 루벤 그린스펀의 이론은 물거품이 되었다. 그와 함께 지진 예보에 관한 연구도 발전을 멈추었다.

### 달과 해가 지구 재앙을 알려줄 수 있을까?

1960년대에 들어와 과학자들은 새로운 희망을 찾아냈다. 판구조론plattentektonik이 지진학에 새롭게 불을 지폈다. 이 이론에 따르면 지구 표면은 여러 개의 판으로 나뉘어져 있다. 이 판들이 움직이며 지구 표면 위로 심하게 진동하게 되면 판의 경계에서 응력이 발생한다. 과학자들은 지진에 대한 설득력 있는 설명에 만족했다.

1971년 옛 소련의 한 과학자가 모스크바의 국제회의에서 자신의 연구팀이 목표를 달성했다고 발표했다. 그들은 어떤 신호가 지진을 예고하는지 알아냈다고 주장했는데, 한 번의 진동 전에 땅에서 진동의 속도가 바뀐다는 것이다. 미국에서 온 참가자들은 이러한 데이터를 검증하고 확인했으며 그 원인을 추가로 밝혀냈다. 지진 전에는 암석에 작은 균열이 발생하고 전기 저항도 바뀐다는 것이다.

여기에 산안드레아스 단층에 대한 성공적인 보고까지 더해졌다. "파동을 감지할 수 있었다. 행복했다!" 자신의 예측이 들어맞자 그 지진학자는 기쁨을 감추지 못했다. 1974년 11월 27일, 수백 명의 지구과학자들은 캘리포니아의 픽 앤 햄머 클럽Pick and Hammer Club 의 한 회의에서 증인이 되었다. 당시 《타임》지는 역사가 말해줄 것 이라고 보도했다.

지진학자인 말콤 존스턴Malcolm Johnston은 산안드레아스 단층에 서 얻은 자신의 데이터를 기반으로 홀리스터Hollister 자치구 주변의 지진을 예견했다. 지진 발생 바로 전날 아침 그런 조짐을 감지한 것 이다. 실제로 다음날 오후 진도 5.2의 지진이 발생했다. 말콤 존스 턴은 자신의 예측이 들어맞자 이에 고무되었다.

지진을 예보한 가장 혁신적인 사건은 1974년 10월 중국에서 일 어났다. 이에 미국의 과학자들은 놀라움을 금치 못했다. 이러한 평 가는 1975년 2월 4일, 중국 랴오닝遙寧성의 하이청海城시에서 커다 란 지진이 발생했을 때 극적으로 확인이 된 것처럼 보였다. 하이청 에서는 지진이 일어나기 전, 수만 명의 사람들에게 집을 떠나 피신 하라고 미리 예고했다. 덕분에 많은 사람들이 목숨을 구할 수 있었 다. 이 사건은 지진학자들의 장대한 위업으로 칭송되었고 하이청 지진은 과학의 중대한 사건으로 간주되었다(그러나 그 이유는 정작 따로 있었다. 이에 대해서는 다음 장에서 밝히겠다). 미국의 국립과학원은 "지진 예 보는 사실이다"라고 밝혔다. 이로써 예보에 대한 연구는 '최고의 우선권'을 가질 수 있게 되었다. 지진 예보에 어마어마한 액수의 연구 기금이 지원되었으며, 한 과학자는 바퀴벌레부터 호르몬까지 할 수 있는 것들은 모두 측정해 보았다고 당시의 일을 떠올린다. 그리고 시추공과 물을 이용한 지진 방지라는 그 다음의 기술적인 단계에 대한 집중적인 논의가 일었다.

그러나 기쁨도 잠시, 과학자들은 이제 극적인 결정을 내려야 했다. 과연 도시 전체가 확실하지 않은 경고 신호를 믿고 대피해야 할까? 이러한 질문에 맞닥뜨리게 되자 경보 신호는 더 이상 확실하지 않은 것으로 받아들여 졌다. 정확하게 말하면 그 이전의 예보가 성공한 것은 우연의 일치였기 때문이다.

하이청 시의 성공 사례는 특수한 경우로 남았다. 1년 뒤 중국 허베이 성의 탕산에서 지진이 발생했고, 50만 명이 목숨을 잃었는데 그에 대해서는 아무런 예고도 없었던 것이다.

### 지진의 정확한 예보는 불가능한 것일까

그러자 과학자들 사이에서 뭔가 새로운 분위기가 형성되었다. 과학자들은 더 이상 지진에 대한 예고를 하지 않으려고 했다. 지진의 강도를 나타내는 개념의 단위를 제안한 지진학자 찰스 리히터 Charles Richter는 예보가 아주 무섭고 싫다고 털어 놓았다. 하지만 지진 예보가 중요시되는 추세를 멈추기에는 늦은 것이 사실이다.

페루의 한 지진학자는 1981년 6월 28일 수도 리마에 지진이 일어날 것이라고 예고했다. 하지만 이때 미국의 지진학자들은 예보가 틀렸고 도시가 안전하다는 것을 입증하기 위해서 일부러 리마를 찾아왔다. 미국 대사관에서 저녁 식사를 할 때 이들은 대사와 부인이 직접 다랑어에 기름을 발라 손님에게 대접하는 것을 보고 놀라지 않을 수 없었다. 요리사들이 가족과 함께 리마를 떠났던 것이다. 다행스럽게도 예고와는 달리 지진은 일어나지 않았다.

이후로는 지진이 있기 전 여러 신호를 검출하는 데 위성이 큰 역할을 하기 시작했다. 공기의 불길한 빛, 지각 팽창, 가스 폭발, 지하의 전기 전압 또는 지하수 수위의 변화 등을 동원했지만 대략적인 예보조차 실패했다. 캘리포니아의 파크필드Parkfield의 경우 1988년과 1992년에 지진 예보가 있었다. 그러나 지진은 2004년에 이르러 발생했다. 이에 좌절한 지진학자들은 통계에 점점 더 의지하기 시작했다. 말하자면 약한 지진이 잦으면 강한 지진이 일어날 수 있다고 추정한 것이다. 그러나 미국에서 가장 강력한 지진 중 하나는 1994년에 전혀 위험한 곳으로 여겨지지 않았던 지역에서 일어났다. 미국 지질조사국의 지진학자들에게 그때 그곳에서 지진 예보가 있었는지 묻자 아니라는 짧은 답변이 돌아왔다.

1997년 도쿄 대학의 지구 물리학자인 로버트 겔러Robert Geller는 이제 논쟁은 끝났다고 밝혔다. 정확한 예보는 원칙적으로 불가능하다는 것이다. 설령 얼마나 많은 암석이 움직이기 시작하는지 안다고 해도 우연히 맞히는 게 고작이라고 그는 주장했다. 과학자들 사이에서 다시금 격렬한 논쟁이 일었다. 새로운 이론은 곧 비난의 대상이 되었다. 많은 젊은 지진학자들은 희망을 품은 채 경력을 쌓기 시작했다.

지진 예보의 문제는 지질학에서 가장 중요한 분야로 간주된다. 미국 정부는 자연의 힘이 부르는 어마어마한 재앙을 고려해서 이 분야에 막대한 비용이 드는 새로운 시도를 허가했다. 로스앤젤레스와 샌프란시스코 사이에 있는 파크필드에서 현재 산안드레아스 단층의 지진이 발생한 진원에 시추공을 뚫고 있는 것이다. 일본 연안에서도 새로운 해양 관측선이 두 판의 경계선에 시추공을 뚫고 있다. 지진학자들은 지하를 오래 연구하다 보면 지진의 경고 신호를 검출할 수 있을 것이라는 희망을 품고 있다.

그동안 비전문가들이 지진 예보를 해 세상을 떠들썩하게 하기도 했다. 대부분 커다란 지진이 있고 난 뒤 보고를 한 것으로, 지진이 있기 전에 동물들이 불안한 행동을 보였다는 것이다. 물론 아무것도 감지하지 않은 동물에 대해서는 말하지 않았다. 취리히 연방공과대학의 권위 있는 지진학자인 막스 비스Max Wyss 교수는 "동물을 언급하는 것은 나를 동물로 만드는 것"이라며 비난한다. 그저 허황된 이야기일 수도 있지만 지진학자들은 이러한 이론에 민감한 반응을 보인다. 1911년에 있었던 아더 쉬츠의 사건을 아직도 잊지 않고 있기 때문이다.

# 21.
# 하이청의 기적

**지진 예측의 희망적인 성공 사례**

회의에 참석한 과학자들은 지방 정부의 간부에게 긴급히 경고했다. 그 사이 주변의 높은 굴뚝이 부러지며 도로를 점거했다. 지진이 점점 더 강해지고 있었다. 인근 도시에 있던 지진청의 지진학자들은 지방 정부가 결정을 내릴 때까지 기다릴 수가 없었다. 과학자들은 인근 시와 군에 지진이 발생할 것이라고 알렸다. 점점 강해지던 땅의 진동이 이른 오후부터 갑자기 흔들림이 멈추더니 조용해졌다. 큰 지진이 일어나기 직전의 긴장 상태임을 보여주는 증거였다.

1975년 2월 4일 저녁 7시 36분, 중국 북부 지방에 강한 지진이 일어났다. 강도 7.3의 이 지진은 사전에 정확하게 예고된 것이어서 지금까지 학계에서 가장 미스터리한 사건 중 하나로 여겨진다. 마오쩌둥 주석은 지진 발생 후 대도시 하이청의 시민 대부분이 제때 안전하게 대피했다는 보고를 받았다. 당시 지진으로 수백만 명이 목숨을 잃을 수도 있었지만 공식 집계로 1328명이 사망하는 데 그쳤다고 한다. 당시 중국 당국은 지진 예보가 비전문가의 측정을 기반으로 한 것이라고 발표했다. 하이청 외에는 정확한 지진 예보가 적중한 사례를 찾을 수 없는데, 많은 전문가들은 원칙적으로 지진 예보가 정확하게 맞아떨어지기는 불가능하다고 보고 있다.

하이청 지진의 구체적인 상황은 오랫동안 정확히 밝혀지지 않았다. 관련 문서는 비공개로 보관되었다. 1년 뒤 그 지역을 방문한 외국 과학자들은 예보가 있었다는 사실과 함께 복구된 현장을 확인했을 뿐이었다. 캐나다와 중국 출신의 전문가들이 문서를 보고 목격자들과 이야기를 나누었다. 캐나다 지질국의 켈린 왕Kelin Wang 연구진은 하이청 지진을 둘러싼 실체를 밝혀낼 수 있었다. 그 내막은 한 편의 추리소설 같았다.

지진 발생 몇 개월 전인 1974년 6월, 국립 지진청SSB의 중국 과학자들은 1년 6개월 안에 대도시 하이청과 안산鞍山 주변 지역에서 어마어마한 지진이 발생할 것이라고 경고했다. 그 지역에서는 최근 몇 년 동안 이미 약한 지진이 몇 차례 발생했다. 게다가 땅이 튀어 오른 곳도 있고 땅의 전기 저항과 지하수 수위가 달라진 것도 발견되었다. 과학자들의 견해에 따르면 이 또한 강진을 알리는 또 다른 경고 신호였다.

1974년 12월 22일, 확실히 감지할 수 있을 정도로 땅이 흔들리자 랴오닝 성의 주민들은 불안에 휩싸이기 시작했다. 중국 북부지방 랴오닝 성의 고위직 간부였던 리 장군은 지진을 적으로 간주했다. 리 장군은 "우리는 전쟁 중이다"라고 외치며 정확한 예측을 하라고 과학자들을 다그쳤다. 3주 동안 세 번의 잘못된 경보 때문에 불안감만 가중되었다. 사람들은 불안해하며 일을 하러 가지도 않고 대피 훈련을 했다. 갖가지 새로운 비상대피 계획만 무성한 가운데 예보에 대한 신뢰를 잃은 지방 정부는 1975년 1월 10일 국립지진청의 과학자 몇 사람을 소환했다.

지진학자 구 하오딩Gu Haoding은 상사에게 1월 13일부터 21일까지 베이징에서 열릴 학회 발표를 준비하라는 지시를 받고 그 자리에 참석하지 않았다. 구 하오딩은 학회에서 "전반기나 1월 또는 2월에 랴오닝 성에 심각한 지진이 발생할 것"이라고 경고했다. 어쩌면 "컨퍼런스가 끝나기 전에 발생할 수도 있을 것"이라고 했다.

구 하오딩은 자신의 지진 예보가 옳다고 주장했다. 그의 경고는 기본적으로 두 토양 구조의 이음 부분을 따라 밀리미터까지 정확하게 추적한 토양의 변형을 기반으로 한 것이었다. 1월 말 토양이 다시 가라앉기 시작했다. 지진 위험이 줄어들었다는 것을 보이는 다른 징후도 있었는데, 바로 지하수 수위가 약간 낮아진 것이다. 구 하오딩과 주 펑밍Zu Fengming처럼 예의주시하고 있던 사람만 지진을 감지할 수 있었을 뿐 몇몇은 거의 땅의 흔들림을 느끼지 못했다. 2월 1일과 2일, 하이청 시의 지진은 그와 같이 땅의 진동을 거의 느끼지 못할 정도로 약했다.

1월 31일, 주 펑밍은 약한 지진이 점점 더 많이 발생하는 것으로 보아 커다란 지진이 발생할 것이라고 경고했다. 팀파니를 계속 두드리는 경우와 비슷한 이치라는 것이다. 2월 3일과 4일 밤이 되자 땅의 진동이 점점 거세졌다. 국립 지진청의 지진학자들은 연구소에 모여 긴급회의를 열었다. 자정이 막 지나자 주 펑밍은 놀라우리만치 정확한 예보를 발표했다. 곧 강진이 발생할 것이라는 예보였다. 2월 4일 정오 랴오닝 성의 고위직 간부들과 국립 지진청의 과학자 몇몇은 하이청의 한 호텔에 모여 몇 시간 뒤면 그 건물이 무너지리라는 걸 꿈에도 모른 채 재난회의를 가졌다. 그러나 회의 테이블에 놓인 물컵이 몇 분 간격으로 흔들리자 모두들 점점 신경이 곤두서기 시작했다. 컵에 담긴 물에 파동이 이는 것으로 보아 분명히 땅이 흔들리고 있다는 증거였다.

**과학적 예측과 신속한 대피가 함께 이루어지다**

회의에 참석한 과학자들은 지방 정부의 간부에게 긴급히 경고했다. 그 사이 주변의 높은 굴뚝이 부러지며 도로를 점거했다. 지진이 강해지고 있었다. 인근 도시에 있던 지진청의 지진학자들은 지방 정부가 결정을 내릴 때까지 기다릴 수가 없었다. 비록 그럴 권한이 없었지만 과학자들은 인근 시와 군에 지진이 발생할 것이라고 알렸다. "오늘 밤 강진이 있을 예정이니 대비하십시오." 점점 강해지던 땅의 진동이 이른 오후부터 갑자기 흔들림을 멈추더니 조용해졌다. 큰 지진이 일어나기 직전의 긴장 상태임을 보여주는 증거였다. 지진학자들은 몇몇 도시에 있는 영화관을 설득해 영하의 날씨에도 불구하고 밤새 야외에서 영화를 상영하도록 했다.

잉커우(營口, 오늘날 다스차오)에서는 수많은 사람들이 시 지진 관측소의 지진학자인 카오 시앙킹Cao Xiangking 덕분에 목숨을 구할 수 있었다. 오전 8시, 카오는 늦어도 그날 밤 안으로 잉커우에 지진이 일어날 것이라고 예보했다. 그는 지역 공산당의 모든 당원들에게 잉커우 시민들이 집에서 나와 대피할 수 있도록 하라고 촉구했다. 또한 대피소에 식량과 겨울옷을 구비해 두도록 했다. 카오는 시간이 늦어질수록 더 강한 지진이 발생할 것이라고 경고했다. 저녁 7시에 강도 7이라면, 저녁 8시에는 강도 8 정도 된다고 계산했다. 저녁 7시 36분, 마침내 강도 7.3의 진동이 있었다. 7만 2000명이 사는 잉커우 시에서는 건물의 3분의 2 가량이 무너졌지만 단 21명만이 사망했다. 하지만 중국 정부는 카오의 업적을 덮어 버리고 다른 이에게 공을 돌렸다.

반대로 하이청에서는 사람들이 거의 집에 남아 있었다. 오후 6시쯤에야 회의가 끝났는데, 대피 명령을 내리기에는 이미 때가 늦었다. 하지만 관청의 충고에 따라 많은 사람들이 겨울옷을 입고 잠자리에 들었기 때문에 지진이 일어나도 폐허 더미 속에서 얼어 죽지 않고 살아남을 수 있었다. 또한 가장 큰 지진은 하이청이 아니라 그 주변에서 일어났다. 하이청에서는 잉커우보다 약한 지진이 발생했고 건물 붕괴 규모도 작았지만 153명의 시민이 목숨을 잃었다. 지역 간부와 과학자들이 회의를 했던 그 호텔에서만 44명이 사망했다. 지진으로 총 2041명의 사망자가 발생했다. 중국 정부의 공식 발표보다 713명이 더 많은 숫자였다.

중국 정부는 지진이 비교적 무사히 마무리된 것을 정부 선전에 이용했다. 지진 예보가 성공한 것은 "프롤레타리아 혁명 마오 노선의 위대한 승리"라며 모든 신문에서 떠들어댔다. 하지만 1년 뒤인 1976년 7월 28일, 중국 북부의 탕산에서 발생한 지진으로 10만 명 이상이 목숨을 잃었다. 이때는 지진 예보가 전혀 없었다.

하이청 지진 예보의 이야기는 이와 같은 모든 상황에도 불구하고 기본적으로 예보가 옳았던 것임을 입증하고 있다. 켈린 왕을 중심으로 한 연구진은 지진이 발생한 날 정확하게 지진이 예측되었음을 문서에서 확인할 수 있었다고 보고했다. 하지만 중국 정부는 여러 세부 사항들을 사실과 다르게 발표했다. 과학자들이 시민들에게 경고를 한 것인데 그들은 지방 정부에서 경고한 것이라고 주장했다. 또한 대부분의 지진학자들이 지진의 강도를 더 낮게 예상했었다. 중국 정부는 선전을 통해 비전문가들의 측정을 기반으로 했다고 했지만 실제 경보에서는 이와 달리 비전문가들의 측정은 그 어떤 역할도 하지 않았다.

켈린 왕 연구진은 요컨대 정확하게 적중한 예보는 지진 예보가 가능할 수도 있음을 나타내는 것이라고 말했다. 그러나 하이청의 경우처럼 분명하게 지진을 예보할 수 있는 경우는 극히 드물다. 강진이 반복되는 약진을 반드시 전제로 하는 것은 아니기 때문이다. 다른 경고 신호는 앞장에서 살펴본 바와 같이 더 신뢰하기 힘들다.

주 펭밍은 "지진은 그날 바로 예보할 수는 없으며, 2주 정도 이내에 예보할 수 있다"라고 정리했다. 하지만 몇 주 정도 후에 있을 지진 예보도 적중한 적이 매우 드물다. 예나 지금이나 분명한 경고 신호는 '지진학자의 성배'이다. 중국 과학자들의 예진과 토양 변형의 측정이라는 두 가지 예측 방법은 지진 예보에 대한 장밋빛 미래를 보여준다고 할 수 있다.

# 22.
# 라인 강변의 굉음

**지진에 안전한 땅은 어디에도 없다**

티아구노프 연구팀에 따르면 지진이 일어날 경우 소도시와 시골 마을이 대도시보다 강진으로 더 큰 피해를 입을 것이라고 한다. 시골의 건축물은 벽의 구조가 상대적으로 불안정한 경우가 많기 때문이다. 일반적으로 독일의 대형 건축물은 탄탄하다는 평가를 받는다. 많은 고층건물은 건축 규정에 따라 철근 콘크리트로 된 '안전 골재'로 지어졌다. 하지만 강진이 발생한다면 이런 강철 골재도 안전하지 못할 것이다.

지진이라는 재앙은 대개 텔레비전으로만 보아서 알 뿐이다. 그러나 지진은 일본이나 아이티, 중국처럼 위험성이 높은 지역에서만 문제가 되는 것이 아니다. 우리가 사는 지역도 몇십 년 뒤에는 강력한 지진으로 땅이 흔들릴 수 있다. 전문가들은 앞으로 지진으로 인한 엄청난 파괴의 위험에 노출될 수 있다고 말한다. 이들은 더욱이 수백만 채의 건물에 지진에 대한 안전대책을 강화해야 한다며 목소리를 높이고 있다.

중부 유럽의 지형은 커다란 압박을 받고 있다. 아프리카 대륙판(Kontinentalplatte, 지구 표면을 구성하는 10여 개의 거대한 암판巖板 중에서 육지에 분포하는 것을 말함—옮긴이)이 해마다 2센티미터씩 북쪽으로 이동하고 있으며, 박차를 가하듯이 이탈리아를 유럽대륙 쪽으로 밀고 있기 때문이다. 이 충격 흡수부 위로 알프스가 우뚝 솟아 있다. 하지만 알프스 산맥이 충돌 에너지를 완전히 먹어치우는 것은 아니다. 알프스 북쪽 지역도 충돌에 따른 긴장 상태에 있다.

이미 수백만 년 전에 유럽은 오버라인Oberrhein 지구(地溝, 두 단층 사이의 땅이 내려앉아서 생긴 좁고 긴 골짜기—옮긴이)를 따라 땅이 갈라지기 시작했다. 슈바르츠발트Schwarzwald와 포게젠Vogesen 지역은 과거에는 하나로 붙어 있었다. 또 마인츠Mainz와 바젤Basel 사이의 평원을 가두고 있는 양쪽 측면은 비록 지금은 멎은 상태이지만 이미 30~50킬로미터나 서로 벌어져 있다. 오버라인 지구의 양쪽 측면은 10년에 몇 밀리미터꼴로 주저앉고 있다. 지반은 끊임없이 흔들리고 있지만 대부분 눈에 띄지 않는다. 하지만 수십 년이 지나면 엄청난 사태가 일어날 것이다. 1992년 4월 13일 니더라인Niederrhein 쪽의 만灣에서 지반이 흔들리는 일이 발생했다. 진도 5.9의 지진으로 집집마다 유리창이 깨지고 벽이 갈라졌다. 이때 심근경색으로 죽은 사람도 있고 20명이 부상을 당했다. 보험회사는 1300가구가 넘는 집이 파손된 데 대한 보상으로 약 1억 2000만 유로의 보험금을 지급했다.

슈바벤의 고산지대Schwäbische alb와 에르츠 산맥Erzgebrige에서도 주기적으로 지진이 발생한다. 지난 1000년 동안 독일에서도 30여 차례의 강진이 발생했다는 것이 입증되었다. 지진계는 1940년 이후에야 나왔기 때문에 이 시기에 진도가 얼마나 되었는지는 간접적인 방법으로만 추정할 수 있을 뿐이다. 예를 들어 파괴된 형상을 묘사한 그림으로 판단하든가 암반층을 조사하는 방법 등이다.

이와 같은 간접 방법으로 확인한 바에 따르면 알프스 이북에서는 1356년에 강진이 발생했다. 전문가들은 진도 6이나 7 정도로 추정한다. 바젤 지역이 파괴되면서 300명이 목숨을 잃었고 뮌스터도 무너졌다. 지질학자들은 쾰른을 발굴했을 때 9세기에 이와 비슷한 강진이 일어난 흔적을 발견했다. 지층과 벽에서 발견된 균열에서 강력한 충격이 있었음을 확인할 수 있다. 하지만 이 지진에 대해 전해진 것은 없다. 다만 독일에서 발생한 다섯 차례의 역사적 지진에서 사망자가 있었다는 것은 분명히 입증된 사실이다.

약한 지진이라 해도 도시 부근의 얕은 지층에서 발생한다면 재앙을 부를 수 있다는 것이 문제이다. 지진은 진도 3만 되어도 사람이 느낄 수 있으며 진도 5가 넘을 경우 내진耐震 설계가 되지 않은 건물이라면 상당히 큰 피해를 입을 수 있다. 카를스루에 대학과 GFZ의 연구진은 평균적으로 475년마다 발생하는, 하지만 언제든 일어날 수 있는 진도 5에서 6까지의 충격파를 계산한 적이 있다. 이 분석은 건물의 상태와 GFZ의 고트프리트 그륀탈Gottrfried Grünthal 연구팀이 제작한 독일 1만 3490개 게마인데(Gemeinde, 최소 행정구역 단위—옮긴이) 전체의 지진위험 지도를 기초로 한 것이다. 계산 모형은 1978, 1992, 2004년 등 세 차례의 중간급 지진에서 발생한 피해를 참고하여 전문가들이 측정한 결과이다.

연구 결과를 보면 불안하기 짝이 없다. 가령 튀빙겐에서는 이 정도의 충격 한 번으로 건물 다섯 동 중 한 동꼴로 지붕과 칸막이벽이 무너졌으며 수많은 외벽에 심각한 균열이 발생했다. 가옥은 40채에 한 채꼴로 완파되었으며 온전한 경우는 20채에 한 채밖에 안되었다. 발링겐과 알프슈타트도 심각한 피해를 보였다. 또 로이틀링겐과 뒤렌, 케르펜, 뢰어라흐도 극심한 피해가 예상되었다. 쾰른의 경우 건물 붕괴는 적었지만 이 연구보고서의 책임 저자인 카를스루에 대학의 세르게이 티아구노프Sergej Tyagunow가 중심이 된 연구진의 집계에 따르면 피해액은 총 7억 9000만 유로나 되었다. 아헨은 피해액이 5억 6000만 유로에 달했고 뮌헨글라트바흐와 로이틀링겐, 슈투트가르트는 4억 유로가 넘었으며 프라이부르크와 카를스루에, 프랑크푸르트도 이 금액의 절반 이상에 해당하는 피해를 입었다. 이 연구 보고서는 단지 건물 손해 비용만 계산했을 뿐 소득 감소 같은 경제적인 손실은 포함시키지 않았다. 또 예상할 수 있는 사망자와 부상자의 수도 포함시키지 않았다.

티아구노프 연구팀에 따르면 지진이 일어나면 소도시와 시골 마을이 대도시보다 강진으로 더 큰 피해를 입을 것이라고 한다. 시골의 건축물은 벽의 구조가 상대적으로 불안정한 경우가 많기 때문이다. 일반적으로 독일의 대형 건축물은 탄탄하다는 평가를 받는다. 많은 고층건물은 건축 규정에 따라 철근 콘크리트로 된 '안전 골재'로 지어졌다. 하지만 1356년과 같은 강진이 발생한다면 이런 강철 골재도 안전하지 못할 것이다.

카를스루에 대학의 건축기사 로타르 슈템프니프스키Lothar Stempniewski는 독일의 지진 대책이 미흡하다고 경고한다. 특히 1981년 이전에 지어진 건축물은 내구성이 약하다는 것이다. 이후 독일 표준규격-기준 4149(DIN-Norm 4149)는 지진 예상 지역의 건축물에 대한 안전대책을 규정하고 있다. 하지만 학교와 유치원, 병원 중에는 지은 지 30년이 넘는 건물이 많다. 산업시설과 원자력발전소, 골짜기의 댐, 교량에는 더욱 엄격한 규정이 적용된다. 원자력발전소의 경우 1만 년에 한 번씩 발생하는 강진에도 견디게 되어 있다고 한다. 그러나 2011년 3월, 일본에서 강력한 해저지진이 발생했을 때 안전해 보이는 원자력발전소도 파괴될 수 있다는 것을 우리는 지켜보았다. 쓰나미에 앞서 대지에서 강력한 진동이 발생했을 때 이미 원자로가 심각한 손상을 입은 것이다.

무엇보다 노후한 산업시설에서 화학제품을 생산할 경우 점검을 받아야 한다고 슈템프니프스키는 강조한다. 또 쾰른의 도이치 다리처럼 많은 교량이 구조가 취약하다. 쾰른 대학의 지질학자 클라우스-귄터 힌첸Klaus-Günter Hinzen은 대부분의 건축 기준이 극단적인 경우에 대비한 것이 아니라고 경고한다. 작년 겨울 추위에 강당의 지붕이 무너지고 송전탑이 부러진 것을 보면 알 수 있다.

**지진 예보와 함께 대비책 마련이 시급하다**

하지만 아헨 라인-베스트팔렌 공과대학RWTH의 크리스토프 부텐베크Christoph Butenweg는 이런 염려가 지나친 것이라고 주장한다. 부텐베크의 의견은 "독일에서는 지진보다 자동차 사고로 사망할 위험성이 더 높다"는 것이다. 모든 건축물을 점검하는 일은 실행 가능성이 희박하다는 것이 그의 생각이다. 게다가 건축물에 대한 '현상 유지' 규정은 보수를 요구하지 않는다. 어쨌든 구조 변경에 대한 계획이 있을 때야 비로소 건물주 측에서 내진 설계 강화를 위한 지원을 요구할 수 있을 것이라는 말이다. 이에 슈템프니프스키는 개별적인 방침은 '부수적인 문제'라고 일축한다. 건축법은 무엇보다 '생명 보호'를 우선으로 한다는 것이다. 하지만 이와 같은 원칙을 엄격하게 적용하는 것도 정치적인 압력으로 방해를 받는다. 슈템프니프스키는 "주 정부가 건물 점검과 보수에 많은 예산을 책정하는 데 어려움이 있다"고 본다. 그가 걱정하는 것은 대책을 세우기 전에 먼저 재앙이 닥칠 수도 있다는 점이다.

그동안 정치권에서는 지진 대책이 미흡했다고 판단을 내렸다. 그래서 건물의 내진 설계를 위해 표준규격-기준을 새로 수정하는 조치를 취했다. 새로운 기준은 지반 상태를 우선적으로 고려한다. 그러나 슈템프니프스키는 이 법도 미흡하다고 생각한다. 그는 건물주에게 지진의 위험에 대한 교육을 강화해야 한다고 말한다. "조심해요, 당신 집이 무너질 수 있어요!"라고 솔직하게 말해 주어야 한다는 것이다. 라인란트Rheinland와 슈바벤 고산지대의 경우에는 1000~2000년마다 강력한 지진이 일어났기 때문에 새로운 건축기준으로도 안정을 보장할 수 없을 것이다. 대재앙의 시나리오는 전문가의 연구에서도 배제되고 있다.

지진을 일으키는 것은 비단 자연만이 아니다. 다음 장에서는 오랫동안 망상으로 여겨왔던 일이 실제로 일어나는 사례를 보여줄 것이다. 인간도 땅 밑의 지층에 충격을 줄 수 있다는 말이다. 굴착 공사 및 다른 프로젝트로 200여 건의 강진이 일어났으며 부분적으로는 참담한 재앙을 불렀다.

23.
# 인간이 지진을 부른다

**굴착 공사로 비롯된 200여 건의 강진**

2005년 7월 15일 지진이 발생했다. 니더작센 디프홀츠에서 진도 3.8의 지진이 발생하여 건물이 흔들렸다. 이 두 차례 지진의 원인은 이내 밝혀졌다. 지구물리학자들은 지하 8킬로미터가 넘는 곳의 암반에서 아주 취약한 구역에 균열이 발생했기 때문이라고 설명했다. 지진학자들은 새로운 방법으로 지진파를 분석했는데, 다루기 까다로운 결과를 얻었다. 다름 아닌 인간이 시작한 가스 개발이 지진에 책임이 있다는 결론이었다.

이런 생각은 그저 공상과학 범죄물에나 어울리는 말로 들린다. 예를 들어 보자. 굴착 파이프가 땅속을 파고 들어가면 파이프 끝에서 나오는 물이 지하로 흘러들어 간다. 갑자기 땅이 흔들리기 시작한다. 처음에는 전혀 눈치를 채지 못한다. 그러다가 마침내 커다란 굉음과 더불어 땅바닥이 갈라지고 지진으로 일대가 진동하면서 건물이 흔들린다. 사람들은 집에서 빠져나와 안전한 곳을 찾아 대피한다. 이런 사건은 보통 지구판의 자연적인 움직임 때문에 일어난다. 사람이 1킬로미터 두께의 지구 암반지각을 흔들 수 있다는 것은 가능하지 않은 것처럼 보일 것이다. 하지만 안심할 일이 아니다. 정확하게 이와 똑같은 일이 이미 세계 곳곳에서 일어나고 있다.

함부르크 시민들은 이런 일은 한 번도 겪어본 적이 없었다. 2004년 10월 20일 8시 59분 중심가와 시 남부에서 갑자기 보도가 진동하고 가로등이 마구 흔들리며 건물 벽에서는 회칠 조각이 떨어졌다. 몇 초가 지나자 고층건물 전체가 진동으로 부르르 흔들렸고 사람들은 야외로 대피했다. 함부르크와 브레멘의 중간 지점에 있는 로텐부르크에서는 진도 4.5의 지진이 발생했다. 그것도 가스 생산시설 한복판에서 일어났다. 이 정도의 진동은 일찍이 이 지역에서 기록된 적이 없었다. 북독일 지역은 지진 안전지대로 간주되었으며 지반의 미세한 진동도 드문 곳이었다. 하지만 2005년 7월 15일 다시 지진이 발생했다. 니더작센 디프홀츠Diepholz에서 진도 3.8의 지진이 발생하여 건물이 흔들렸다.

이 두 차례 지진의 원인은 이내 밝혀졌다. 지구물리학자들은 지하 8킬로미터가 넘는 곳의 암반에서 아주 취약한 구역에 균열이 발생했기 때문이라고 설명했다. 지진학자들은 새로운 방법으로 지진파를 분석했는데, 다루기 까다로운 결과를 얻었다. 다름 아닌 인간이 시작한 가스 개발이 지진에 책임이 있다는 결론이었다.

땅이 이따금 흔들리는 것은 비단 천연가스 생산 때문만은 아니다. 지열 에너지 이용 시설과 석유 채굴, 저수지 개발도 이미 수십 차례나 지진을 유발했다. 뉴욕 컬럼비아 대학의 지진학자 크리스티안 클로제Chirstian Klose는 오늘날까지 전 세계적으로 일어난 약 200차례의 강진이 인간으로 인해서 발생했다고 보고했다. 유럽에서도 이런 형태의 지진은 끊임없이 일어난다.

지진이 일어나려면 엄청난 힘이 있어야 한다. 지하에 있는 1킬로미터 두께의 바위 덩어리들이 갑자기 자리를 이동해야 하기 때문이다. 땅을 굴착할 때 발생하는 힘은 이런 현상을 일으키기에는 너무나 약하다. 하지만 이 힘은 마치 끊어지기 직전의 고무 밴드처럼 전체적으로 엄청난 팽창 상태에 있는 지각地殼에 작용할 수 있다. 그러므로 지하에서 석탄을 캐내는 작업만 해도 암반의 위치가 갑자기 바뀔 수 있는 것이다. 지각을 파내면 갑자기 짓누르는 암반의 무게를 견디지 못하고 붕괴되면서 땅이 흔들린다.

전 세계에서 천연가스가 생산되기 시작하면서 이미 광범위한 지역에서 비교적 큰 지진이 발생하고 있다. 프랑스에서는 진도 5에서 6 사이의 지진이 세 차례 발생했고, 4 이상의 지진은 수 차례 일어났다. 이탈리아에서 1951년에 발생한 진도 5.5의 지진도 천연가스 생산 때문에 일어난 것으로 보인다. 캘리포니아에서는 진도 6.5에 해당하는 강진이 1983년에 33번이나 발생했다. 우즈베키스탄에서는 1976년과 1984년에 가스 채굴로 진도 7의 강진이 세 차례나 일어났다(피해액은 소련 독재 시기여서 비밀에 붙여졌다).

이 정도의 강력한 지진이 주거지 부근에서 일어난다면 엄청난 재앙을 부를 것이 분명하다. 더구나 북부 독일 지역의 가스전이 어느 정도로 가동되고 있는지도 불투명하다. 지구물리학자 클로제는 "채굴이 지속되면 대체로 압력이 높아진다"라며 단지 그러한 흐름을 암시할 뿐이다.

### 인간도 땅 밑에 충격을 가할 수 있다

광산에서 지진을 유발할 가능성이 있는 이유는 석탄이나 광석, 소금을 채굴할 때 공동空洞이 생기기 때문이다. 이럴 경우 위에 있는 암반이 무너져 내리면 압력이 커져 바위도 조각난다. 암반의 움직임이 커질수록 지진의 강도는 높아진다. 이런 이치로 1989년 3월 튀링겐의 칼륨염 광산이 무너지면서 진도 5.6의 지진이 발생했다. 이 지역에 있는 푈커스하우젠Völkershausen 마을에서는 수많은 건물이 붕괴되었다. 이 사건은 정치적인 쟁점으로 비화되었고, 당시 동서독 양국은 서로에게 책임을 전가했다.

1989년 12월에는 오스트레일리아의 석탄광산 지역인 뉴캐슬 Newcastle에서 지진이 일어나 수백 채의 집이 무너졌다. 진도 5.6의 이 지진으로 13명이 숨지고 160명이 부상을 입었다. 피해액은 미화 35억 달러에 이르렀다. 클로제는 "1799년 이 광산이 문을 연 이후 벌어들인 소득보다 더 많은 피해액이었다"라고 말한다. 전문가들의 비판에도 광산회사는 지진은 자연재해라며 책임을 인정하지 않았다. 하지만 클로제는 5억 톤의 석탄 채굴로 지하의 하중이 엄청나게 줄어들었다고 계산했다. 계속해서 하중이 부가되지 않으면 1킬로미터 길이의 지하 암반층이 점점 팽창하게 된다. 1989년 12월까지 이 압력은 0.1기압 정도 높아졌다. 위험을 유발할 수 있는 최소치에 이르게 되면 언제든 지진이 일어날 수 있는 상황이었다.

주민들과 정치인들이 위험을 깨달을 때는 이미 늦는 경우가 대부분이다. 댐 건설도 마찬가지이다. 가두어 놓은 물이 지하의 압력을 높이기 때문이다. 1967년 12월에는 인도 코이나 Koyna 댐이 진도 6.3의 지진을 유발해 200명이 목숨을 잃었다. 또 2008년 5월 12일 8만 명의 목숨을 앗아가고 수십만 명의 부상자를 낸 중국 남부의 강진은 인공 댐 때문인 것으로 추정되고 있다. 기사들은 공사를 하며 부근에 팽팽한 압력을 받는 암반층의 경계선이 지하를 관통하고 있다는 사실을 무시했다. 3억 2000만 톤의 무게가 허약한 지반을 짓눌렀다. 크리스티안 클로제의 보고서에 따르면 지하에 미치는 압력이 평소보다 25배나 높아졌다고 한다.

물론 중국 남부의 지진에서와 같은 충격이 지열 에너지 생산 시설에서 발생할 것으로 보이지는 않는다. 그럼에도 이런 생산 시설에서 지진이 발생해 바젤 시민을 충격에 빠트린 적이 있다. 주식회사 지오파워 바젤Geopower Basel은 2006년 12월까지 땅에 구멍을 뚫고 지하 5킬로미터 깊이 암반층에서 물을 압착했다. 땅속에서 물을 가열시켜 데워진 물을 퍼올려 증기 터빈을 돌리는 방식이었다. 하지만 이런 방식으로 수천 가구의 가정을 위해 생산된 잠재적인 에너지원의 위험성이 드러났다. 수압 때문에 지하 지층의 기압이 올라가 여러 차례 꽝꽝 소리를 내며 폭발한 것이다. 당장 피해는 없었지만 계속되면 지진의 위험이 매우 커보였다. 결국 이 프로젝트는 중단되었다. 또 오스트레일리아와 프랑스, 캘리포니아에서도 이와 비슷한 시설로 인해 강한 진동이 발생한 적이 있다.

1993년부터 지열 에너지를 생산하던 프랑스 오버라인 지구地溝의 줄스-수-포레Soultz-Sous-Forêts에서는 2003년 진도 2.9의 가벼운 지진이 발생한 이후로 주민들이 고충을 털어놓았다. 집의 안전이 걱정된 것이다. 이후 사업자 측에서는 천공의 수압을 대폭 낮췄다. 이후로 지진은 발생하지 않았지만 지열 에너지 생산량은 훨씬 줄어들었다. 지구물리학자들은 지진의 위험을 줄이기 위해 구멍을 깊이 파는 대신 얕은 구멍을 여러 개 파는 방법을 제안한다. 4킬로미터 깊이의 상층부에서 작업한 물은 이제까지 사람이 느낄 수 있는 지진을 유발한 적이 한 번도 없기 때문이다.

인간이 지진을 유발한다는 인식은 연구자들이 지구온난화를 약화시키려는 의도에서 시도하는 이른바 이산화탄소포집·저장기술 CCS에 대한 평판을 악화시켰다. 이 기술은 온실가스에서 배출되는 이산화탄소 $CO_2$ 를 대량으로 지하에 저장하는 데 이용된다. 하지만 문제는 이산화탄소 저장 상태에서 압력이 위험한 수준으로 높아질 수 있다는 점이다.

물론 지금까지 별 탈이 없었던 지진 안전지대에서 캘리포니아 같은 강진이 일어나리라고 예상하는 사람은 아무도 없다. 하지만 지진학자들이 계산한 바로는 지질학적 단층이 형성되어 지하로 지나가는 지역에서는 언제든 진도 4.5 정도의 지진이 일어날 수 있다. 독일 정부의 평가보고서를 보면 현재의 지식 수준으로는 이산화탄소-압축에 따른 지진 발생 가능성을 전혀 알 수 없다고 한다. 그럼에도 그린피스나 세계자연보호기금 WWF 같은 환경단체는 이산화탄소포집·저장기술을 지구온난화를 막을 방법이라고 생각하고 있다. 그러나 지진학자 클로제는 수많은 굴착 공사와 광산 프로젝트를 보면서 온실효과와 연관해 이것을 '지구역학적인 오염'이라고 강조한다. 지구온난화는 전 세계적인 문제이지만 지구역학 프로젝트는 특정 지역에만 해당된다.

## 24.
# 산이 호수에 빠지다

**최악의 인재가 불러온 바욘트 댐의 재앙**

1963년 10월 9일, 이탈리아령 알프스의 몬테 톡 산에서 산사태가 발생해 2억 7000만 톤 무게의 산비탈 측면이 떨어져 나갔다. 이 흙과 바위들은 바욘트 댐 안으로 떨어졌다. 곧이어 댐의 물 2500만 톤이 범람하여 160미터 높이의 파도를 일으키며 댐 하류의 5개 마을을 휩쓸었다. 사망자만 2000명이나 되었다. 기업인과 정치가, 과학자들이 수년 동안 산에서 나타난 경고 신호를 무시하고 거대한 수력발전소를 건설하려고 한 것이 문제였다.

유럽에서는 일찍이 최악의 자연재해라고 할 만한 사건이 일어났다. 1963년 10월 9일, 이탈리아령 알프스의 몬테 톡Monte Toc 산에서 산사태가 발생해 2억 7000만 톤 무게의 산비탈 측면이 떨어져 나갔고, 이 흙과 바위들은 바욘트Vajont 댐 안으로 떨어졌다. 곧이어 댐의 물 2500만 톤이 범람하여 160미터 높이의 파도를 일으키며 댐 하류 5개 마을을 휩쓸었다. 사망자만 2000명에 이르렀다.

이 산사태는 이탈리아 역사에서 보기 드문 엄청난 정치적 소동을 일으켰다. 기업인과 정치가, 과학자들이 수년 동안 산에서 나타난 경고 신호를 무시했기 때문이다. 온갖 노력을 기울여 거대한 수력발전소를 건설하려고 한 것이 문제였다. 1997년까지 희생자의 유족들과 집을 잃은 사람들이 이탈리아 정부를 상대로 손해배상 청구 소송을 했다. 각종 기록, 증언, 조사 결과 등 수천 건의 증거 자료가 재판에 동원되었다. 그 결과 바욘트의 재앙은 사실을 은폐하려는 데에서 비롯된 것임이 드러났다.

아드리아 전기회사인 사데SADE는 1930년대에 베네치아에서 북쪽으로 100킬로미터 떨어진 산에 수력발전소를 세우게 해달라고 정부에 청원을 넣었다. 이 회사는 과거 어느 누구도 감행하지 못했던 모험적인 건축 계획을 수립했다. 경사진 알프스의 계곡에 여러 지류의 물을 모아 담수한다는 계획이었다(바욘트 댐은 높이가 261미터로 지금까지도 같은 종류의 댐 건축물 중에 가장 높다). 당시 지질학자들은 이 지역의 불안한 역사를 알고 있었다. 바욘트 계곡은 수천 년 전부터 진행되고 있는 산사태 지형으로 이루어진 곳이기 때문이다. 전에도 붕괴가 일어났던 곳에 댐을 건설한다는 것은 학자들이 보기에는 매우 불안한 일이었다.

그러나 해당 관청에서는 이런 의문을 간과해 버렸다. 1943년 10월 15일 담당 부서는 지역 여론을 충분히 수렴하지 않은 상태에서 사데 회사에 건축허가를 내주었다. 사데는 단호하게 프로젝트를 밀어붙였다. 그 결과 수백 가구의 주민들이 살아온 터전을 내주고 이사를 해야 했다. 제방 벽 공사는 정부의 동의를 구하기도 전인 1956년에 시작되었다. 정치권에서 이의를 제기했지만 사데는 개의치 않았다. 오히려 담당 부처에서는 사데에서 급여를 받는 지질학자들을 전문 자문위원으로 위촉해 여론을 무마하려고 했다. 이들 자문위원의 감정이 미흡하다는 사실은 이내 드러났다. 공사 기간 중 계곡 위의 경사면으로 난 도로가 붕괴되자 서둘러 지질학적인 감정을 의뢰했지만 계획된 제방 벽의 아래쪽 산의 측면에서만 평가가 이루어졌을 뿐이었다. 문제가 된 경사면에 대한 감정은 아예 없었다.

공사가 시작되고 3년 뒤 결국 3명의 전문가에게 추가로 감정을 의뢰했다. 가장 먼저 위험을 감지한 사람은 오스트리아의 레오폴트 밀러Leopold Müller였다. 지질학자인 뮐러는 몬테 톡에서 두께 600미터, 길이 2킬로미터로 M자형의 산사태 지형이 형성되었음을 확인했다. 하지만 해당 관청에서는 뮐러의 경고에 귀를 기울이지 않았으며 나머지 전문가들은 뮐러와는 다른 의견을 제시했다. 예를 들어 지구물리학자인 피에트로 칼로이Pietro Caloi는 이곳의 산등성이가 안정적이고 견고한 암반으로 이루어졌다고 주장하며 위험 경고를 일축했다.

바욘트 댐 공사의 수석 기사인 카를로 세멘차Carlo Semenza도 공사 진행을 밀어붙였다. 그의 아들인 지질공학 기술자 에도아르도 Edoardo 세멘차조차 건축 계획의 문제점을 지적했지만 카를로 세멘차는 동요하지 않았다. 더욱이 에도아르도 세멘차는 2억 입방미터의 암반이 계곡 쪽으로 눈에 띄지 않게 이동했다는 사실을 발견함으로써 뮐러의 판단을 뒷받침해 주었다. 에도아르도의 평가는 나중에 실제로 떨어져 나간 암반의 규모와 거의 일치했다. 그럼에도 아버지 세멘차는 아들에게 규모를 줄여서 진술하도록 종용했다. 하지만 아들은 아버지의 부탁을 거절했다. 그러자 사데 사와 정치인들은 마음에 안 드는 평가를 무시하고 은폐하기로 했다.

이 프로젝트에 반대하는 인사들은 공직에서 쫓겨났다. 산사태의 위험에 대한 기사를 쓴 티나 메를린Tina Merlin 기자는 고소를 당했다. 정부로서는 더 이상 물러설 여지가 없었으며 댐은 1959년 가을에 완공되었다. 공사를 마치자 사데 사는 시험 삼아 인공호에 물을 가두기 시작했다. 1960년 물이 차올라 댐의 수위는 불안정한 산 측면의 기슭에 찰랑댈 정도로 높아졌다.

1960년 11월이 되자 이미 산에서는 경고의 징후가 드러나기 시작했다. 육중한 암반 조각이 무너져 물속으로 떨어지는가 하면 경사면 곳곳에 1미터 정도의 폭으로 도랑이 생겨났다. 전체적인 산사태의 징후는 레오폴트 뮐러가 예고한 대로 M자형으로 진행되었다. 이렇게 생긴 도랑들은 3년 뒤 호수로 무너져 내리게 될 암반의 규모를 짐작케 해주었다.

**자연의 신호를 무시하다**

인근의 주민들은 엄청난 위험에 직면했다는 사실을 알아차렸다. 피에트로 칼로이는 그제야 자신의 조사 결과를 의심하게 되었다. 위협적인 상황이 벌어질 것이 분명했다. 산에 물이 완전히 흡수되면 안정성이 더욱 위협을 받을 것이다. 유일하게 정부에서 임명한 지질학자 프란체스코 펜타Francesco Penta만이 위험하지 않다는 자신의 평가를 고수했다. 1961년 12월 정부는 물을 방류해도 좋다고 허가했다. 방류 실험은 1962년 10월까지 계속되었다. 이때까지 계곡에서는 가벼운 지진으로 계속해서 진동이 감지되었다.

1962년 7월 3일 사데 사는 수리 공사를 담당한 기사들로부터 심각한 경고를 받았다. 그들은 실험실의 물탱크에서 이루어진 실험을 통해 산이 무너져 내리면 댐의 물이 넘쳐흘러 계곡 아래 마을에 홍수가 난다는 결과를 보여주었다. 하지만 회사는 이 보고서를 비밀에 붙였으며 프로젝트의 완성을 방해할 것은 이제 없었다.

1963년 4월 정부에서는 호수에 물을 가두어도 좋다는 최종 허가서를 발급했다.

이후 산에서 발생한 사태는 아테네 공과대학의 에마누일 베베아키스Emmanuil Veveakis 팀이 컴퓨터로 꼼꼼하게 재구성했다. 이들은 유명한 사건들과 지질학적인 정보를 조합해 산의 구조가 취약해진 과정을 컴퓨터에서 슬로 모션으로 재현했다. 댐에 물이 점점 채워지면서 산이 진동하기 시작했다. 8월에는 산비탈의 지형이 움직이는 것이 뚜렷이 보였다. 이어 9월 3일에는 강력한 지진이 바욘트 계곡을 흔들었다. 하지만 계곡 안에 있는 어느 마을의 면장은 "모든 것을 통제하고 있다"라며 주민들을 안심시켰다.

9월 15일에는 몬테 톡의 산비탈 전체가 22센티미터 정도 주저앉았다. 이로써 긴급사태가 일어나도 암반이 호수로 무너져 내릴 가능성은 없을 것이라는 사테 사의 주장은 무색해졌다. 책임 당국에서는 이 프로젝트를 중지시켜야 한다는 것을 간파했지만 방류를 하면 산사태를 중지시킬 수 있을 것이라고 믿었다. 하지만 수문을 연 뒤에도 산비탈은 움직임을 멈추지 않았다. 결국 1963년 10월 9일, 산비탈 전체가 호수 안으로 무너져 내렸다. 재앙이 일어나기 며칠 전부터 이 일대에서는 이상한 움직임이 감지되었다. 지반이 미끄러져 나무와 담장, 도로가 계곡 쪽으로 끌려간 것이다.

에마뉴일 베베아키스 팀은 결정적인 구조 활동이 좌절된 이유를 발견했다. 이 연구진은 암반에 지속적으로 마찰이 일어나 측면 밑

바욘트 댐. 〈출처:(CC)Sebil at wikipedia.org〉

바욘트 댐이 산사태로 범람한 뒤의 론가로네 마을의 참혹한 모습.
〈출처:(CC)US Army at wikipedia.org〉

의 점토층이 뜨겁게 가열되었다고 설명한다. 재앙이 있기 3주 전에는 이 열기가 너무 강해 암반 밑에서는 마치 증기 다리미에서처럼 뜨거운 공기 쿠션이 형성되었다고 한다. 이 열기로 전체적인 위험이 가속화되었다.

마침내 산비탈은 오직 접착용 단추처럼 서로 달라붙는 점토 분자에 의존하는 상태가 되었다. 하지만 1963년 10월 9일 밤 10시 39분 이른바 열가소성 수지의 와해 현상이 발생하면서 뜨거운 물에 접착 상태가 폭발했다. 이어 몬테 톡의 산비탈이 거의 시속 100킬로미터의 속도로 계곡 쪽으로 무너져 호수에 빠지자 물이 댐 위로 흘러넘치기 시작했다. 거센 급류가 쏟아지는 것을 본 계곡 마을의 주민들은 엄청난 혼란에 휩싸였지만 대피할 시간이 없었다. 삽시간에 사나운 물줄기가 5개 마을을 완전히 집어삼켰다. 나머지 마을도 대부분 파괴되었다. 그중에 론가로네Longarone 마을의 희생이 가장 컸다.

희생자 유족들에게는 재앙이 일어난 지 34년이 지난 1997년에 가서야 총 220억 리라―현 시세로 1100만 유로―를 지급하라는 판결이 내려졌다. 그동안 법정에서는 무수한 지질학적, 기술적 평가가 이루어졌다. 이와 같은 전문적인 소견은 이미 댐 프로젝트 자체를 저지하지는 못한 것들이었다.

책임자들이 이곳 지형 명칭의 의미를 알았더라면 사고를 예견할 수 있었을까? 바욘트 계곡 양쪽 산비탈의 명칭은 '살타Salta'와 '톡

Toc'이다. 살타는 토착민의 언어로 '솟아오르는 샘'이라는 뜻이고 톡은 '썩은 조각'이라는 말이며 '바욘트'는 북이탈리아어인 라딘어 'va giù'에서 온 것으로 '무너지다'라는 뜻이었기 때문이다.

바욘트 산사태보다 더 무서운 것은 운석이 떨어지는 일일 것이다. 실제로 1500만 년 전에 1000미터 두께의 운석이 오늘날 대도시가 모여 있는 남부 독일을 강타한 적이 있다. 수 톤에 이르는 운석 조각들이 이 일대에 쏟아져 내렸다. 다음 장에서는 이런 운석비가 왜 그토록 강한 폭발력을 지니는지 지질학자들의 설명을 들어볼 것이다.

# 25.
# 유럽의
# 대재앙

**1500만년 전 유럽을 강타한 운석 비**

운석의 낙하로 무슨 일이 일어난 것일까? 또 이런 일이 요즘 일어난다면 왜 파괴적인 결과가 생길 거라고 예상하는 것일까? 운석이 낙하하면 우선 지상의 암반이 충돌로 녹아 없어진다. 이어 섭씨 2만도 정도의 뜨거운 구름이 공중으로 3킬로미터까지 솟구치면서 주변 수십 킬로미터에 있는 모든 생명체를 태워버린다. 원자탄 수십만 개의 위력과 맞먹는 폭발력으로 3000억 톤에 이르는 돌 우박이 일대에 뿌려지며 그 조각들은 주변 400킬로미터까지 날아갈 것이다.

오늘날 운석이 떨어진다는 생각을 할 사람은 거의 없을 것이다. 하지만 할리우드 영화에나 나올 법한 이야기가 독일에서는 실제로 일어났다. 두께가 1000미터나 되는 거대한 돌이 지상에 떨어져서 리스Ries 북쪽에 분지를 만들어 놓은 것이다. 아마 200~300만 년만 늦게 일어났어도 핵전쟁보다 더 처참한 결과가 일어났을 것이다. 지질학자들은 이런 운석 낙하가 왜 그토록 폭발력을 지녔는지 밝혀냈다.

대략 1500만 년 전에 시속 7만 킬로미터의 속도로 우주의 돌이 떨어지면서 뮌헨과 슈투트가르트, 뉘른베르크 중간 지점 일대를 강타했다. 이 운석은 지상에 깊이 1킬로미터, 폭 24킬로미터의 분화구 모양의 구덩이를 만들었다. 오늘날 뇌르트링게 리스Nördlinger Ries라고 알려진 곳이다. 그리고 이 운석은 혼자가 아니라 주위를 도는 위성이 있었다. 지름 100미터 정도의 얼음 공 같은 이 위성은 리스 남서쪽 40킬로미터 지점에 떨어졌다. 그리고 구덩이의 폭이 거의 4킬로미터나 되는 슈타인하이머 분지Steinheimer Becken를 만들어 놓았다.

이런 운석의 낙하로 정확하게 무슨 일이 일어난 것일까? 또 이런 일이 요즘 일어난다면 왜 파괴적인 결과가 생길 거라고 예상하는 것일까? 우선 운석의 낙하로 우선 지상의 암반이 충돌로 녹아 없어진다. 이어 섭씨 2만도 정도의 뜨거운 구름이 공중으로 3킬로미터까지 솟구치면서 주변 수십 킬로미터에 있는 모든 생명체를 태워 버린다. 원자탄 수십만 개의 위력과 맞먹는 폭발력으로 3000억 톤에 이르는 돌 우박이 일대에 뿌려지며 그 조각들은 주변 400킬로미터까지 날아갈 것이다. 이 조각은 오스트리아와 스위스, 보헤미아까지 날아갈 것이고 뮌헨과 슈투트가르트, 아우구스부르크, 뉘른베르크에는 수 톤에 이르는 석회 덩어리들이 떨어질 것이다. 곧 수천 도에 이르는 뜨거운 산성비가 내릴 것이다.

**원자탄 수십만 개의 위력과 맞먹는 강한 폭발력**

하늘에서 불이 번쩍이고 총탄이 빗발치는 듯한 묵시록적인 시나리오가 1500만 년 전에 일어났다(이 시점에 대해서는 논란이 있다. 최근의 연구에 따르면 우주에서 지상으로 운석이 떨어진 것은 정확하게 1459만 년 전에 있었다고 한다). 이 무서운 사건의 무대는 슈바벤 고지대의 언덕에서 가장 잘 찾아볼 수 있다. 언덕의 동쪽에 운석이 만든 분지 뇌르트링게 리스가 펼쳐져 있고 숲과 초원, 마을이 딸린 넓은 구덩이가 있다. 이 둥근 지형의 한가운데 뇌르트링게 시가 자리 잡고 있으며, 현재의 많은 건물은 당시 우주에서 폭탄처럼 떨어진 운석에서 자재를 빌려 쓴 것이다. 다이아몬드 조각이 들어 있는 경우도 있다.

중신세(中新世, 신생대 제3기를 다섯으로 나누었을 때, 네 번째로 오래된 시대. 지금으로부터 약 2400만 년 전부터 520만 년 전까지의 기간─옮긴이) 시대에 남부 독일에 운석이 떨어지기 전까지만 해도 이곳은 천국이나 다름없는 자연 환경이었다. 코끼리와 조상 말과 원숭이가 오늘날의 플로리다처럼 늪과 숲을 이룬 풍요로운 환경에서 돌아다녔으며 펠리컨이나 거북, 악어가 웅덩이에서 한가롭게 쉬고, 뱀은 무성한 갈대숲을 기어 다녔다. 1킬로미터 두께의 거대한 운석이 지구 방향으로 날아올 때 이 모든 생명은 죽음의 운명에 처했다.

오래전부터 전문가들은 뇌르틀링게 리스의 지형에 이와 비슷한 운석 분지와는 달리 용해된 암석의 흔적이 거의 발견되지 않는 점을 의아하게 여겼다. 이 정도 크기의 운석이라면 본래 수십 미터 깊이의 지층을 녹여야 하기 때문이다. 분지에 새로운 구멍을 파보아도 겨우 5미터 정도의 얇은 용해층Schmelzschicht밖에 드러나지 않았다. 연구자들이 이 이유에 대해 설명한다.

프라이부르크 대학의 지질학자 토마스 켄트만Thomas Kentmann은 "운석이 완전히 가루로 변했다"고 말한다. 당시 늪지대에 있던 엄청난 지하수가 원인이라는 것이다. 미국 투스콘Tuscon에 있는 행성학 연구소의 나탈리아 아르테미바Natalia Artemieva는 지하수가 충돌 당시에 폭발력을 키웠다고 설명한다. 엄청난 크기의 운석이 지상과 충돌하면서 갑자기 지하수가 증발했다는 것이다. 이때 땅은 완전히 갈기갈기 찢겼으며 용해된 암석은 대부분 폭파되어 날아갔다. 리스의 암반에서는 엄청난 열기에 물이 섞이면서 형성된 미네랄이 유난히 많이 발견되었다. 더욱이 리스에서는 충돌로 인해 뜨거운 샘물이 지속적으로 생겨났다고 괴팅겐 대학의 게르노트 아르프

Gernot Arp 연구팀은 보고했다. 지구화학자들은 이 분지에서 이른바 화산지대의 열수熱水에서 형성되는 미네랄 석회를 발견했다. 이 샘들은 오늘날 몹시도 아름다운 경관을 보이는 호수 지형의 앞선 형태였던 것이 분명하다.

뇌르트링게 리스에는 운석 충돌 이후 유독성 염호鹽湖가 생겨났다. 동시에 낙원에서와 같은 물 웅덩이들은 사라졌다. 운석이 충돌하면서 지하에서는 미네랄 염분이 풀어져 분지로 흘러든 지하수는 생명을 위협하는 오수로 변했다. 소수의 단세포 생물만 살아남을 수 있었다. 게르노트 아르프 팀은 이곳에서 소량의 염수유기체의 흔적을 발견했는데, 이런 염호에서 살아가는 생물체의 흔적으로 보이는 스트로마톨라이트(Stromatolite, 시아노박테리아의 생명활동을 발견할 수 있는 층 모양의 줄무늬가 있는 층상 석화석—옮긴이)였다. 이 연구팀은 리스 분지를 파헤쳐 화석을 발견하기도 했다.

하지만 충돌이 있은 뒤 호수 주변은 이내 동물들로 다시 뒤덮였다. 갈대숲도 다시 북적거리기 시작했다. 지질학자들은 뇌르트링게 리스 주변에서 수많은 조류와 거북, 고슴도치, 뱀, 그리고 담비와 비슷한 맹수의 화석 유물을 발견했다.

운석 충돌은 남부 독일을 영원히 변화시켰다. 용암이 분출되면서 새롭게 길을 뚫어야 할 하천을 가로막았다. 분지 북동쪽에는 물이 고이면서 레차트 알트뮐 호수Rezat-Altmühlsee가 생겨났는데, 이 호수는 오늘날 보덴 호Bodensee의 두 배 크기였다. 게다가 운석은 프랑켄 지방의 산악과 슈바벤 알프스를 분리시켜 놓았고 슈바벤 알프스가 기상 경계선 역할을 하며 구름을 막게 만들었다. 운석으로 쪼개진 뇌르트링게 주변 일대는 이후로 독일에서 일조량이 가장 많은 지역이 되었다. 이곳에서 원시인들이 유난히 풍요로운 생활을 했다는 것은 많은 도구가 발견됨으로써 이미 입증되었다.

앞으로 연구자들이 풀어야 할 최대의 수수께끼는 왜 이 분지의 중심에서는 다른 운석 분지와 달리 언덕이 형성되지 않았는가 하는 점이다. 보통 운석이 떨어지면 마치 커피에 각설탕을 떨어트릴 때 물이 튀어 오르듯이 중심의 땅을 파헤치면서 굴곡 지형이 생기기 마련이다. 이 비밀을 풀려면 아마 외국의 연구진이 다시 검사해야 할는지도 모른다.

그런데 이미 외국의 학자들이 이 분지를 조사한 적이 있다. 1961년 미국의 에드워드 차오Edward Chao와 동료인 유진 슈메이커Eugene Shoemaker가 최초로 리스 분지에서 운석의 흔적을 찾아내려고 했을 때, 이 지역의 슈바벤 지질학자들은 회의적인 반응을 보였다. 이들은 두 사람을 보고 떠돌이 중국인에 또 한 사람은 아미시Amisch 교도라고 비웃으며 뇌르트링겐 주변의 분지에 얽힌 수수께끼를 풀지 못할 것이라고 생각했다. 하지만 차오 일행은 증거를 찾아냈고 이로 인해 독일은 역사상 최악의 자연재해의 진상을 알게 되었다.

## 26.
# 독일 지하의 마그마

**라인 강변에서 화산이 폭발한다면?**

1만 2900년 전, 아이펠 화산은 마지막 휴식기를 갑자기 끝내고 거대한 폭발을 일으켰다. 어느 날 마그마가 지하수에 섞이기 시작했다. 이어 강한 바람을 수반한 폭발이 일어나고 마치 성냥다발에 불이 붙듯이 확 불길이 번지며 일대의 숲을 초토화시켰다. 화산재가 30킬로미터 높이로 치솟아 남서풍을 타고 스웨덴까지 날아갔다. 서부 독일 일대는 비처럼 쏟아지는 회색빛의 화산재에 파묻혔다.

벼락 치듯 쾅쾅거리는 소리에 이어 거대한 폭음이 들리며 프랑크푸르트에서 쾰른 전역에 걸쳐 집집마다 문과 유리창이 흔들린다. 본과 코블렌츠의 주민들은 이 굉음의 원인을 눈으로 확인하게 될 것이다. 지평선 위로 시뻘건 구름이 솟아오르면서 아이펠 지역의 언덕이 불길에 휩싸일 것이기 때문이다. 이어 하늘에서 재와 돌조각이 쏟아진다. 소방당국과 위기관리위원회가 어쩔 줄 몰라 전전긍긍하며 갑론을박하는 가운데 뜨거운 용암류가 계곡을 타고 흘러내린다. 용암은 이 일대를 휩쓸고 지나가 라인 강으로 흘러든다. 용암에 밀린 물줄기가 각 지류를 채우는 가운데 오버라인 지역의 하천들이 범람한다. 슈트라스부르크에서 만하임을 거쳐 프랑크푸르트까지 원자력발전소와 화학공장, 공항에 홍수가 날 것이다.

독일에서 이 같은 화산 폭발은 재난영화에나 나올 만한 것으로 보일지 모른다. 하지만 지질학자들은 아이펠 화산Eifelvulkane이 활동을 멈춘 것이 아니라 언제든 활동을 재개할 가능성이 있다는 사실을 알고 있다.

예를 들어 두이스부르크Duisburg 대학의 지질학자 울리히 슈라이버Ulrich Schreiber는 독일에서 일어날 화산 폭발의 결과에 대해 경고하고 있다. 그 위험성이 무시되고 있다고 전문가들은 입을 모은다. 아이펠 지역 일대의 지형을 감시하는 쾰른 대학의 지진학자 클라우스-귄터 힌첸Klaus-Günter Hinzen은 "화산 폭발의 가능성이 있다"는 말을 한다. 슈라이버는 "물론 이탈리아의 베수비오 산과 비

189

교할 수는 없다"라고 덧붙인다. 또 가까운 시기에 폭발이 일어날 징후가 보이는 것은 아니라고 한다. 하지만 몇 개월 사이에 상황이 변할 수도 있으므로 위험에 대해 더욱 주의를 기울일 필요가 있다는 말이다.

라인 강변 일대에는 활동을 멈추지 않은 화산 주변에 첨단 기업 시설과 수백만 명이 사는 주거지가 밀집해 있다. 슈라이버는 긴급 상황에 대처할 준비를 해야 한다고 지적한다. 하지만 아이펠 화산의 폭발에 대비한 긴급대책은 마련되어 있지 않다.

전문가들은 아이펠 화산이 다시 폭발할 것이라는 것에 의견을 일치하고 있다. 하지만 언제가 될지는 아무도 모른다. 힌첸은 "앞으로 수천 년 이후가 될 수도 있고 두세 달 후가 될 수도 있다"라고 말한다. 아이펠 화산을 다년간 연구한 라이프니츠 해양과학연구소의 화산학자 한스-울리히 슈밍케Hans-Ulrich Schmincke에 따르면 아이펠이 새로운 활동기의 시작 단계에 들어선 것으로 보인다고 한다.

1만 2900년 전, 아이펠 화산은 마지막 휴식기를 갑자기 끝내고 거대한 폭발을 일으켰다. 슈밍케는 "그때도 아마 오늘날처럼 사람들은 아무것도 모른 채 태연하게 있었을 것이다"라고 추정한다. "라인 강 유역의 원시인들은 분명히 화산 폭발이 있을 것이라는 생각은 하지 못했을 것이다. 마지막으로 폭발한 것이 10만 년 전이기 때문이다."

그러던 어느 날 마그마가 지하수에 섞이기 시작했다. 이어 강한 바람을 수반한 폭발이 일어나고 마치 성냥다발에 불이 붙듯이 불길이 확 번지며 일대의 숲을 초토화시켰다. 화산재가 30킬로미터 높이로 치솟아 남서풍을 타고 스웨덴까지 날아갔다. 서부 독일 일대는 비처럼 쏟아지는 회색빛의 화산재에 파묻혔다. 용암 때문에 안더나흐Andernach 일대의 라인 강이 범람하고 오늘날 코블렌츠 지역은 1미터나 물에 잠겼다. 며칠 뒤 용암 댐(Lava-Damm, 화산 활동으로 자연스럽게 형성된 구조물로 인공 댐 같은 역할을 함—옮긴이)이 무너졌다. 급류가 네덜란드까지 흘러갔으며 1미터 높이로 흘러가는 진흙과 강물이 라인 계곡을 집어삼켰다.

자갈 더미에서 발견되는 선사시대의 도구와 유골을 보면 라인 지역의 원시인들이 갑작스런 재앙에 경악한 흔적이 역력하다. 폭발 지역의 마그마 굄(Magma reservoi, 지하에 다량의 마그마가 들어 있는 장소—옮긴이)이 비워지고 난 뒤 지반이 무너졌고 이때의 웅덩이가 오늘날 라허 호Laacher See를 형성했다.

### 인구 밀집지역에서 화산이 폭발할 가능성

마지막으로 폭발이 일어난 것은 1만 1000년 전이며 여기서 울멘 분화구Ulmener Maars가 생겼다. 하지만 지역적으로 제한되어서 이 일대에만 화산재와 돌조각이 비처럼 내렸다. 아이펠 지역에서는

100여 차례의 폭발 흔적이 발견된다. 이때의 침전물이 굳어지면서 재와 용암은 화산암이 되었으며 로마시대부터 수많은 채굴이 이루어진 곳이기도 하다. 이밖에 마그마 폭발로 50개의 작은 분지가 만들어졌다. 오늘날 유명한 호수의 경관은 바로 아이펠-마르(Maar, 활동을 멈춘 화산의 물이 괸 분화구—옮긴이)가 만들어낸 것이다. 화산의 퇴적물을 연구한 전문가들은 그 사이에 1만 1000년이나 휴식기가 있었다는 것을 기이하게 여긴다. 1만 2900년 전에 일어났던 라허 호의 화산 폭발은 10만 년 이후 처음이었다.

이 폭발이 지금까지 멈춘 긴 화산 활동의 시작일 것으로 보는 사람이 많다. 왜냐하면 그보다 앞선 지난 45만 년 동안에 있었던 세 차례 폭발 주기는 그때마다 몇만 년을 지속했다는 것을 한스-울리히 슈밍케Hans-Ulrich Schminke 연구팀이 밝혀냈기 때문이다. 전 세계적으로 화산은 비슷한 주기를 보인다. 예나 대학의 지구물리학자인 게르하르트 옌취Gerhard Jentzsch는 독일 정부에 제출한 평가서에서 이 주기가 아이펠 지역에도 유사하게 적용된다면 "지질학적으로 매우 가까운 미래에 큰 폭발이 예상된다"고 기록했다.

연구자들은 마지막에 있었던 것과 비슷하게 지역적으로 제한된 폭발은 울멘 분화구에서 가장 먼저 일어날 것으로 예상한다. 아이펠 일대의 지형이 움직이고 있기 때문이다. 무엇보다 라허 호와 코블렌츠 사이의 지역에서 일어나는 가벼운 지진이 주기적으로 위험 신호를 보내고 있다. 아마 50킬로미터 깊이의 마그마 굄에 가열된 지하수가 위로 올라오면서 진동이 일어나는 것으로 보인다. 라허 호 주변의 지층은 이미 지하 1킬로미터 지점에서 60~70도까지 온도가 상승해 정상을 벗어나 있다. 연구자들은 1990년대 이 일대에서 아이펠 화산의 여진을 관측했다. 하지만 그동안 이 현상은 활동이 정지된 신호로 간주되었다. 아이펠 화산이 계속 활동하고 있다는 징후는 라허 호의 물이 부글부글 끓는 것으로도 알 수 있다. 물속에 기포가 생기면 마그마에서 나오는 탄산가스가 발생한다. 마그마가 올라오면 더 많은 이산화탄소가 방출될 것이다.

지하에 마그마가 조금만 더 모여도 화산이 폭발할 수 있다. 카를스루에 대학의 지구물리학자 요아힘 리터Joachim Ritter는 이런 현상이 몇 개월 내에 일어날 수 있다고 설명한다. 리터는 음파탐지 방법을 사용해 아이펠-플룸-프로젝트의 일환으로 이 일대의 지층을 조사한 바 있다.

리터는 가스 압력이 올라가면 1000도나 되는 뜨거운 암석 화합물이 솟구칠 수 있다고 말한다. 압력이 상승된 가스가 언제 분출할지는 과학자들도 모른다. 아이펠에는 측정기구가 없다. 지금까지 전문가들과 정치인들은 경보 시스템에 투자할 필요를 느끼지 못했다. 이들은 위험성이 있다는 것을 과장된 이론이라고 보기 때문이다.

슈라이버Klagt Schreiber는 "화산 폭발을 체계적으로 감시하는 것은 불가능하다"라며 애석해한다. 그는 개미에게 일말의 희망을 기대한다. 기어 다니는 곤충이 화산 폭발을 가장 먼저 감지할 가능성이 있다는 이유에서이다. 벽난로에서 때는 불이 굴뚝에 있는 황새를 쫓아내듯이 이산화탄소는 지상의 편리한 틈새에 사는 곤충을 보금자리에서 몰아낸다는 것이다. 이 이론은 현재 개미 전문가들 사이에서 논의되고 있다. 슈라이버는 개미가 없다면 지하에 마그마가 증가해도 알아차릴 수 없을 것이라고 생각한다.

남부 이탈리아의 지하에도 매우 위험한 현상이 잠복해 있다. 인구 밀집지역 한가운데 있는 캄피 플레그레이(Campi Flegrei, 이탈리아의 나폴리에 있는 화산 지형―옮긴이)가 이른바 슈퍼화산(Supervulkan, 폭발할 때 분출하는 마그마와 화산재가 1000입방 킬로미터 이상으로 추정되는 초대형 화산―옮긴이)으로 간주되기 때문이다. 나폴리 주변에서 발견되는 거상Koloss이 비정상적인 화산 활동의 증거이다.

다음 장에서는 과학자들이 극단적인 방법으로 이 지하의 괴물에 접근하는 이야기를 소개할 것이다. 마그마 분리기에 구멍을 뚫어 화산 활동을 통제한다는 발상이다.

# 27.
# 지옥 불에 바늘을 찌르다

**나폴리의 화산에 구멍을 뚫으려는 시도**

과학자 협력체에서는 국제공동 대륙지각시추 프로그램과 국제공동 해양시추 프로그램의 일환으로 거대한 화산 일곱 군데에 구멍을 뚫는 계획을 추진하고 있다. 여섯 군데는 해저에, 한 군데는 육지에 있다. 이 계획의 목표는 화산 분출을 예측할 수 있게 하고 화산의 성질을 이해하는 데 있다. 연구자들은 괴물 같은 화산의 내부를 들여다보려고 천공기에 관측기구를 장착하려고 한다.

나폴리에서는 세계에서 가장 위험한 화산의 심장 한가운데에 구멍을 뚫는 계획이 추진되고 있다. 문제의 지역은 베수비오 산 맞은편에 자리 잡은 지중해의 대도시 부근 약 150평방킬로미터나 되는 캄피 플레그레이(플레그레이는 '불타는'이라는 뜻)를 말한다. 이 과감한 사업은 어디서 마그마가 끓어오르는 것인지 밝혀내는 게 목표이다.

나폴리 부근의 캄피 플레그레이는 으스스한 모습을 하고 있다. 황갈색 빛을 띠는 언덕마다 썩은 달걀 냄새를 풍기는 유황 증기가 올라온다. 곳곳에서 뜨거운 지하수가 솟는다. 그러나 베수비오 산과는 달리 괴물 같은 화구구(火口丘, 화산 분출물이 화구 주변에 쌓여 형성된 산—옮긴이)는 보이지 않는다. 마지막으로 분출한 3만 9000년 전의 폭발 시에는 거대한 마그마 굄이 비워지고 난 뒤 지각地殼이 붕괴되었다. 그리고 이른바 칼데라(caldera, 화구의 일종으로 화산체가 형성된 후에 대폭발이나 산정부의 함몰에 의해 2차적으로 형성된 분지—옮긴이)라는 분지를 남겼다. 나폴리의 도심 대부분이 이 칼데라에 들어 있다.

천공 프로젝트 팀장 주세페 디 나탈레Giuseppe De Natale는 이 일대에 거주하는 150만 명의 주민들은 "전 세계에서 가장 위험한 화산지역"에 거주하는 셈이라고 말한다. 그는 지구물리학 및 화산학 국립연구소INGV-베수비오 감시기구에서 일하고 있다. 런던 대학의 오거스트 구드문슨August Gudmunsson은 3만 9000년 전과 같은 대폭발이 일어난다면 "유럽의 광대한 지역이 두꺼운 재에 파묻힐 것"

이라고 덧붙인다. 이것이 바로 지질학자들이 캄피 플레그레이를 슈퍼화산으로 분류하는 이유이다.

과학자 협력체에서는 국제공동 대륙지각시추 프로그램ICDP과 국제공동 해양시추 프로그램IODP의 일환으로 거대한 화산 일곱 군데에 구멍을 뚫는 계획을 추진하고 있다. 여섯 군데는 해저에, 한 군데는 육지에 있다. 디 나탈레는 이 계획의 목표는 화산 분출을 예측하고 화산의 성질을 이해하는 데 있다고 설명한다. 연구자들은 괴물 같은 화산의 내부를 들여다보려고 천공기에 관측기구를 장착하려고 한다. 이 프로젝트는 정부 당국에 안전 대책에 대한 확신을 심어주어야 하기 때문에 간단히 추진할 만한 것이 아니다. GFZ의 전문가들은 특별히 이런 목표에 맞게 지열에 견딜 수 있는 천공기를 개발했다. 과학자들은 마그마 때문에 천공 지역의 지층 온도가 섭씨 500도 가까이 될 것으로 추정한다.

연구진이 지하의 상태를 알 수 있는 것은 오직 지층의 단면 구조를 보여주는 음파 탐지 방법에 따른 간접적인 관찰뿐이다. 그러므로 캄피 플레그레이 지층의 상층부에 대해서는 관심이 없다. 이곳은 주로 석회석으로 이루어져 있기 때문이다. 하지만 지하 7~8킬로미터에는 마그마의 흔적이 남아 있다.

디 나탈레에 따르면 가장 중요한 문제는 이보다 깊지 않은 지층에도 용해된 암석이 묻혀 있는가 여부이다. 하지만 천공으로 파고 들어가는 것은 4킬로미터까지밖에 되지 않는다. 따라서 직접 마그마와 부딪칠 가능성이 높아 보이지는 않는다. 디 나탈레는 어떤 경우에도 위험은 없다고 안심시킨다.

화산학자들은 이 천공 작업의 위험성을 둘러싸고 논란을 벌이고 있다. 지질 연구가 중에서는 천공이 진동과 지하수 폭발 또는 마그마 분출까지 유발할 수 있다고 염려하는 사람이 많다. 뷔르츠부르크 대학의 랄프 뷔트너Ralf Büttner는 "바람직하지 않은 조건에서는 시추 이수(試錐泥水, Bohrflüssigkeit, 시추공에 압력을 가해 석유나 가스가 분출되는 것을 막아 시추공을 보호하기 위해 가해지는 액체—옮긴이)가 마그마와

NASA의 우주왕복선이 찍은 나폴리 부근 캄피 플레그레이.〈출처:NASA〉

접촉할 때 아주 위험해질 가능성이 있다"라고 말한다. 폭발 현상으로 소규모의 화산 분출이 일어날 수 있다는 것이다. 뷔트너는 "이론적으로는 이 때문에 대형 폭발이 일어날 수도 있다"라고 주장한다.

같은 뷔르츠부르크 대학의 동료 폴커 디트리히Volker Dietrich는 결정적인 요인은 화산의 특성이라고 본다. 상황에 따라 압력이 높아지게 되면 마그마가 매우 위험하기 때문에 '대참사'의 가능성이 있다는 것이다. 점액성의 상태에서는 화합물의 폭발력을 높여주는 가스가 모인다고 한다.

### 지하에서 무슨 일들이 일어나고 있을까?

디 나탈레는 이런 생각을 '기우'일 뿐이라고 일축한다. 뷔르츠부르크 대학의 베른트 치마노프스키Bernd Zimanowski 같은 다른 화산학자도 위험하다고는 생각하지 않는다. 마그마 꿈에 구멍을 뚫는 것은 "아주 끈적끈적한 밀가루 반죽에 바늘을 찌르는 것"과 비슷하다는 것이다. 이 프로젝트의 학술팀장인 런던 유니버시티 칼리지의 크리스토퍼 킬번Christopher Kilburn도 "그 정도로 거대한 덩어리가 조그만 구멍을 뚫는다고 해서 동요하지는 않는다"라는 의견을 제시한다. 폭발이 일어나려면 마그마 꿈에 기포가 생기고 이에 따라 지하의 압력을 높이는 거대한 마그마 꿈의 연쇄반응이 먼저 일어나야 하는데, 조그만 '천공'이 그렇게 큰 영향을 주지는 않는 다는 말이다. 마그마는 "응집력이 아주 강해서" 그 정도 요인으로 흐름을 일으키지는 않는다는 것이 킬번의 주장이다.

하지만 2009년 아이슬란드에서는 정확하게 이와 똑같은 일이 일어났다. 2009년 6월 말, 지열 에너지를 개발하기 위한 아이슬 란드 심저시추 프로젝트IDDP를 중단하는 사태가 발생한 것이다. 2104미터 깊이에 이르자 천공으로 생긴 구멍에 엄청난 양의 마그 마가 흘러들었다. 작은 폭발이 일어나면서 뜨거운 화산 화합물이 천공이수를 증발시켰다.

독일국제협력단GTZ에서 아이슬란드 심저시추 프로젝트에 참여 하고 있던 울리히 하름스Ulrich Harms는 아이슬란드의 마그마 유출 이 "아슬아슬하고 긴장되는 사건"이었다고 회상한다. 2005년 하와 이 천공프로젝트에 참여하고 있던 연구진은 천공에서 고밀도의 액 체가 섞인 물질이 줄기차게 솟구치자 기겁했다. 여기서도 작업을 중단해야 했다. 그렇지 않았다면 우발적인 작은 사고들은 그다지 영향을 미치지 않았을 것이다.

어쨌든 대부분의 전문가들은 천공 작업을 위험하다고 생각하지 않는다. 킬번은 "어떤 경우든 폭발을 앞두고 있는" 화산에 천공을 할 때가 가장 위험하다고 말한다. 하지만 캄피 플레그레이에는 가 까운 시간에 폭발이 있을 것이라는 징후가 보이지 않는다는 것이 다. 그러나 1968년 이후 이 화산은 불안정한 상태를 보여주고 있다. 포추올리Pozzuoli 시의 항구 주변의 지형에서는 3미터의 융기가 발생해 도로까지 온통 파도가 밀려온다. 이 화산은 유사 이래로 계속 지형을 움직이게 하고 있다. 포추올리 시의 시장 광장에 있는 로마시대의 유명한 원탑 3개가 분명한 증거이다. 이 건축물은 건조한 지대에 있는데도 곳곳에 조개의 흔적이 보인다.

해수면뿐 아니라 육지도 강한 진동을 유발한다. 마치 땅속에 엄청난 거인이 살면서 캄피 플레그레이의 암반을 쥐고 흔드는 것만 같다. 이 때문에 포추올리 시의 시장 광장은 여러 차례 바닷물에 잠겼다. 지난 2000년 동안 조개 무덤과 같은 이 광장에 5세기와 9세기, 그리고 14세기에 각각 바닷물이 밀려들었다. 하지만 땅이 흔들린다고 해도 화산 분출은 500년에 한 번꼴로 있었다. 지난 수천 년 동안 이 슈퍼화산은 그다지 난폭한 활동을 보여주지는 않았다. 캄피 플레그레이가 마지막으로 용암과 재를 쏟아낸 것은 1538년이었다. 당시 목숨을 잃은 사람은 24명뿐이었다.

땅의 융기가 화산이 폭발한다는 분명한 경고 신호는 아니다. 또 지면이 올라오는 것도 반드시 마그마 때문이라고 할 수는 없다. 지하수가 가열될 때도 문제가 생길 수 있기 때문이다. 하지만 1980년대 초반, 지면에 계속 심한 진동이 발생하고 건물이 붕괴되는 사태가 발생하자 시 당국은 불안에 휩싸였다. 포추올리 구시가지에 살던 주민 수천 명이 화산 폭발이 두려워 다른 곳으로 떠났다. 하지만 화산은 평온한 상태를 유지하고 있고 융기한 지반도 다시 내려앉았다. 그러다가 6년 전에 지반이 다시 융기하기 시작했다. 많은 주민은 지하에서 무슨 일이 벌어지고 있는지 의아해한다. 천공 작업은 관심이 집중된 이 지역의 비밀을 풀어준다는 취지에서 나온 것이다.

 슈퍼화산이 폭발할 때 어느 정도의 가공할 결과를 가져올 것인지는 7만 2000년 전에 있었던 인도네시아 토바Toba 화산의 폭발이 잘 보여준다. 다음 장에서 소개할 지질학적, 생물학적 유물이 당시 이 재난을 피한 인류가 얼마 되지 않는다는 증거를 보여줄 것이다. 이 화산 폭발에서 살아남은 사람은 수천 명에 지나지 않았다. 바로 우리의 조상들이다.

# 28.
# 인류 최대의 위기

**인도네시아 토바 화산 폭발과 인류의 멸종 위기**

그린란드의 크러스트에서 발견된 흔적을 보면 인류가 거의 멸종할 뻔했던 사태의 원인을 짐작할 수 있다. 빙핵의 기포는 당시의 지구가 수백 년 동안 훨씬 더 냉각되었다는 것을 확실히 보여주기 때문이다. 그린란드의 얼음에는 이 한랭기 직전에 퇴적된 것이 분명해 보이는 황산 입자층이 보이는데, 과학자들은 이것을 거대한 화산 폭발의 흔적으로 본다. 약 7만 2000년 전에 인도네시아 수마트라 섬에 있는 이른바 슈퍼화산인 토바 산이 폭발해서 생긴 결과라는 것이다.

약 7만 년 전 인류의 역사는 거의 끝날 뻔했다. 살아남은 호모 사피엔스(Homo Sapiens, '지혜로운 사람'이라는 뜻으로 생물학에서 현생인류를 가리키는 말. 4~5만 년 전부터 지구상에 퍼져 나가 후기 구석기 문화를 이룩함—옮긴이)는 수천 명에 불과했다. 이들이 살아남은 것은 우연이었다. 질병과 기아, 자연재해가 끊임없이 위협했기 때문이다. 지질학자들은 인도네시아의 화산 폭발 이후 인류가 거의 멸종할 위기에서 간신히 빠져나왔다는 학설을 제기한다.

이에 대한 첫 번째 증거는 1990년대에 생화학자들이 인간의 유전형질에서 발견했다. 유전자를 비교한 결과 전체 대륙의 인간에게서 놀랄 정도로 가까운 동족 관계가 드러난 것이다. 이 이론에 따르면 오늘날 생존한 인류는 약 7만 년 전에 살았던 수천 명의 조상에서 유래한다고 한다.

그린란드의 크러스트(Eispanzer, 눈의 표면이 바람이나 태양의 영향으로 단단하게 얼어붙은 상태—옮긴이)에서 발견된 흔적을 보면 인류가 거의 멸종할 뻔했던 사태의 원인을 짐작할 수 있다. 빙핵(Eisbohrkern, 빙하에 구멍을 뚫어 시추한 원통 모양의 얼음기둥—옮긴이)의 기포는 당시의 지구가 수백 년 동안 훨씬 더 냉각되었다는 것을 확실히 보여주기 때문이다. 하지만 인류의 조상은 그 이전의 훨씬 더 혹독한 빙하기를 견뎌냈다. 그런데 왜 이 정도의 냉각으로 그토록 파괴적인 결과가 일어났을까?

그린란드의 얼음에는 이 한랭기 직전에 퇴적된 것이 분명해 보이는 황산 입자층이 보이는데, 과학자들은 이것을 거대한 화산 폭발의 흔적으로 본다. 약 7만 2000년 전에 인도네시아 수마트라Sumatra 섬에 있는 이른바 슈퍼화산인 토바 산이 폭발해서 생긴 결과라는 것이다. 이것은 지난 200만 년 동안에 일어난 폭발 중에 가장 강력했다.

화산이 폭발하면서 용암과 재의 기둥만 하늘 높이 뿜어낸 것이 아니다. 강력한 마그마 거품이 폭발하면서 광범위한 곳의 땅을 갈기갈기 찢어놓았다. 토바 산에서 뿜어낸 재는 1980년 미국 세인트 헬렌St. Helen 화산이 폭발했을 때보다 1000배 이상 많았다. 산성 매연이 숲에 유독가스를 퍼트렸고 재가 하늘을 가려 지구는 수 년 동안 암흑천지가 되었다. 또 지질학자들은 대기의 온도가 섭씨 5도 이상 낮아졌다는 연구결과를 발표했다. 중위도 지역에 갑자기 빙하기가 덮친 것이다.

미국 일리노이 대학의 스탠리 앰브로스Stanley Ambrose는 11년 전에 인류의 "진화상의 병목현상 이론"을 제기하면서 인류의 조상이 설상가상으로 "화산 폭발에 따른 겨울"을 겪었다고 추정했다. 앰브로스는 게놈Genom 분석으로 약 7만 년 전에 인류가 감소한 원인을 토바 화산의 폭발로 돌렸다. 대다수의 인간이 더 이상 먹을 것을 찾을 수 없었고 또 추위에 얼어 죽은 사람도 많았다는 것이다.

하지만 곧 반론이 제기되었다. 2002년 영국 캠브리지 대학의 클라이브 오펜하이머Clive Oppenheimer는 토바 화산의 폭발이 그 정도까지 위력적이지 않았다고 산출했다. 폭발에서 나온 구름이 아무리 크더라도 지구의 온도를 지속적으로 5도 이상 냉각시킬 만큼 유황 성분이 많이 포함되지는 않는다는 것이다. 또 암흑천지를 만들려면 유황이 있어야 하는데 이것은 재와 달리 유황 방울이 수년 동안 공중에 머물러야 한다는 의미라는 것이다.

함부르크에 있는 막스-플랑크 기상학연구소의 클라우디아 팀레크Claudia Timmreck가 이끄는 기상학자들은 기후 시뮬레이션을 통해 유황 방울이 생각보다 빨리 분해된다는 결과를 보여주었다. 화산이 공중으로 내뿜은 분출물 덩어리가 거대하다는 점을 전제로 했을 때, 입자는 유난히 덩어리가 커졌고 이 결과 비교적 빨리 다시 지상으로 떨어졌다고 한다. 이 주장은 힘을 얻었다. 2007년에 고고학자들이 볼 때 토바 이론Toba-Theorie을 최종적으로 뒤집는 결과가 나타났기 때문이다.

### 화산 폭발에도 불구하고 인류는 살아남았다

고고학자들은 인도 동남부에서 석기시대의 도구를 발견했다. 이것들은 화산재로 형성된 퇴적층 아랫부분과 윗부분에서 모두 발견되었다. 이에 따라 캠브리지 대학의 마이클 페트라글리아Michael Petraglia 연구팀은 화산 폭발이 인류를 위기로 내몰 수는 없다고 추정했다. 피트라글리아는 "조상들은 변함없이 계속 생존했다"라고 말한다. 이후 연구자들은 다시 컴퓨터 모형으로 실험을 했다. 시뮬레이션으로 당시의 재난을 재구성한 것이다.

그런데 이 실험에 따르면 토바 화산의 폭발은 생각보다 훨씬 심각했다. 뉴저지에 있는 럿거스 대학의 앨런 로보크Allen Robock 기상연구팀은 5년 동안 전 세계적으로 기온이 18도 정도 낮아졌으며 폭발이 있고 10년이 지났을 때도 지구의 평균기온이 10도나 낮아졌다는 결과를 발표했다. 게다가 강수량이 줄어들었으며 수년간 곳곳에 가뭄이 지속되었다고 한다. 폭발의 구름이 열대에서 번져나갔기 때문에 남반구와 북반구 양쪽에 매우 효과적으로 퍼졌다.

하지만 2010년에 실시된 또 다른 기상 시뮬레이션은 그다지 위력적인 결과를 보여주지 않았다. 영국 밀턴 케인스 개방대학의 스티븐 셀프Stephen Self와 뉴욕 대학의 마이클 람피노MIchael Rampino는 1991년에 있었던 필리핀 피나투보Pinatubo 화산 폭발도 토바 화산 정도의 위력을 지닌 것으로 평가했다. 이 연구에 따르면 7만 년 전에 세계는 3~5도 정도 냉각되는 데 그쳤을 것이라고 한다. 또 클라우디아 팀레크Claudia Timmreck 팀이 실시한 시뮬레이션에서도 그 정도로 극심한 냉각 상태는 나타나지 않았다. 어쨌든 당시 대부분의 인류가 살던 아프리카와 서남아시아 지역이 그 정도로 심각한 피해를 입지는 않았다. 물론 남아 있는 낙진 때문에 수년에 걸쳐 빽빽한 수림지대가 헐벗은 관목지로 변하기는 했지만 이런 환경에서도 인류의 조상은 살아남은 것으로 추정된다는 것이다.

스탠리 앰브로스는 이 같은 시뮬레이션을 부적절하다며 인정하지 않는다. 그 실험들이 현재의 기후 조건을 전제로 했다는 이유에서이다. 7만 년 전의 지구는 빙하기로 접어들고 있었으며 토바의 화산 폭발이 전 세계적인 한랭 현상을 가속화시켰다는 것이 앰브로스의 주장이다. 비록 기상 시뮬레이션을 통해 지금까지 그의 이론을 뒷받침하지는 못했지만 앰브로스는 갑작스러운 한랭 현상으로 인류는 대부분 생존에 적합한 지역으로 도피할 시간이 없었을 것이라고 확신한다. 또 엄청난 화산재로 인한 암흑 현상으로 아프리카의 식물이 말라죽었고 많은 동물이 굶어죽었다고 주장한다. 이런 상황에서 살아남은 극소수의 인간이 우리의 조상이라는 것이 그의 주장이다.

동아프리카는 오늘날도 급격한 변화를 겪고 있다. 이곳에서는 지질학적으로 볼 때 급속도로 대양이 형성되고 있으며, 대륙 전체가 갈라지기 시작하고 있다. 다음 장에서는 이 분야에 집중적인 노력을 기울이는 학자들의 증언을 들어볼 것이다. 지축이 흔들리는가 하면 화산이 부글부글 끓고 육지가 갈라지며 바다가 널리 퍼지고 있다. 이미 사막 한가운데에서 심해저가 형성되고 있다.

# 29.
# 아프리카가 두 조각난다

### 화산이 끓고 바다가 밀려들어 오는 아프리카의 지형

> 동북 아프리카의 땅은 근본적으로 변하고 있다. 사막 바닥이 흔들리며 쪼개지고 있는가 하면, 화산이 부글부글 끓고, 바다가 밀려들어와 새로운 대양이 형성되고 있다. 아프리카는 과연 두 동강이 나고 있는 것일까. 최초의 균열은 지난 수백만 년 전에 일어났다. 그 빈틈을 홍해와 아덴만이 채웠다. 이제 육지는 에티오피아에서 남으로 모잠비크까지 갈라져 있다.

미국 로체스터 대학의 신시아 에빙거Synthia Ebinger는 2010년 11월 중순 에티오피아 사막에서 걸려온 전화의 내용을 도저히 믿을 수가 없었다. 전화를 건 천연원료 회사의 직원은 전례 없는 일이 벌어지고 있다고 전했다. 유명한 에타 알레Erta Ale 화산이 분출하고 있었던 것이다. 오래전부터 이 화산을 연구하고 있던 에빙거는 놀랄 수밖에 없었다. 에타 알레의 분지에서는 끊임없이 거무스레한 용암이 부글부글 끓기는 했지만 수십 년 동안 화산 분출은 없었기 때문이다. 에빙거는 즉시 동료들과 비행기를 타고 에티오피아 사막으로 날아갔다. 사실이었다. "화산은 용암이 끓으며 흘러넘치고 불길처럼 시뻘건 용암천이 하늘로 솟아오르고 있었다"라고 에빙거는 당시 상황을 설명했다.

동북 아프리카는 이제까지와는 다르다. 땅이 근본적으로 변하고 있다. 사막 바닥이 흔들리며 쪼개지고 있는가 하면, 화산이 부글부글 끓고, 바다가 밀려들어와 새로운 대양이 형성되고 있다. 아프리카는 두 동강이 나고 있는 것일까. 최초의 균열은 지난 수백만 년 전에 일어났다. 그 빈틈을 홍해와 아덴Aden만이 채웠다. 이제 육지는 에티오피아에서 남으로 모잠비크Mosambik까지 갈라져 있다. 지구(地溝, Graben, 두 개의 단층 사이에서 발달된 길고 낮은 지대를 말하며 지괴가 상승했으면 지루地壘, 강하했으면 지구라고 함—옮긴이) 측면 벽이 3미터 높이까지 융기한 많은 곳에서는 이미 지각地殼이 완전히 균열된 상태이다. 이런 지형에서는 지하의 마그마가 아무 때나 솟아날 수 있다.

홍해에서 남으로 모잠비크까지 이어지는 10여 개의 화산은 차츰차츰 높아지는 형태를 보인다. 킬리만자로Kilimandscharo와 니라공고(Nyirangongo, 아프리카 콩고와 르완다 국경에 위치한 성층 활화산이며, 세계에서 가장 큰 용암호를 가지고 있다. 아프리카에서 가장 활동이 활발한 활화산이다.—옮긴이)도 여기에 포함된다. 200~300만 년이 지나면 갈라진 틈은 바다로 채워질 것이다. 다나킬 저지대Danakil-Depression 북쪽에서는 심지어 바다의 전진이 비교적 빨리 일어날 수도 있다. 이곳에서 홍해의 밀물을 막아내는 것은 겨우 25미터 높이의 나지막한 언덕뿐이다. 이 뒤의 육지는 이미 10여 미터 침하했다. 모래땅 위에 형성된 하얀 소금 지각은 한때 바다가 들어왔었다는 걸 말해준다. 하지만 용암이 다시 바다의 진출을 차단했다.

궁극적으로 바다가 사막으로 흘러들어 오는 것은 언제쯤일까? 이것은 아무도 모른다. 다만 바다가 빠른 시간 안에 밀려오리라는 것은 분명해 보인다. 영국 리즈 대학의 팀 라이트Tim Wright는 "며칠 내로 언덕이 무너져 내릴 수도 있을 것이다"라고 판단한다. 그러면 바다가 다나킬 저지대로 흘러들 것이라고 한다.

2005년 이후로 동북 아프리카에서는 바다의 형성이 "믿을 수 없을 만큼 가속화되고 있다." 모든 것이 생각보다 훨씬 빨리 진행되고 있다고 한다. 지금까지 연구자들이 측정한 바로는 동북 아프리카에서는 해마다 육지가 몇 밀리미터씩 늘어나고 있다. 브리스톨 대학의 로레인 필드Lorraine Field는 "이제는 육지가 미터 단위로 벌어지고 있다"라고 보고한다. 땅이 흔들리면서 사막 바닥에는 깊은 골짜기가 형성되고 있다.

2005년에는 한 무리의 지질학자들이 갈라진 땅 틈으로 거의 빠질 뻔한 적이 있다. 아디스아바바 대학의 데레예 아얄루Dereje Ayalew 일행은 헬기를 타고 가다가 중부 에티오피아의 사막에 착륙했다. 헬기에서 내렸을 때 이들은 모래땅이 흔들리는 것을 보고는 깜짝 놀랐다. 조종사가 빨리 헬기로 돌아오라고 소리치는 순간 사태가 벌어졌다. 땅이 갈라지고 있었던 것이다. 마치 빙하가 쪼개지듯이 갈라진 틈이 이들을 향해 다가오고 있었다. 몇 초가 지나자 바닥은 다시 잠잠해졌다.

아얄루 일행에게는 분명히 역사적인 체험이었다. 이들은 인류 최초로 새로운 대양이 탄생하는 순간을 목격한 것이다. 이처럼 지구 환경은 대체로 눈에 띄지 않게 변한다. 강줄기가 바뀌든가 산맥이 융기하고 계곡이 형성되는 것을 인지하기에는 인간의 생명이 너무 짧다. 하지만 동북 아프리카의 아파르 저지대Afar-Depression에서는 최근 몇 년간 사막바닥이 100여 차례나 균열하는 일이 발생했다. 이 일로 땅이 100미터나 주저앉았다.

### 동아프리카의 지각을 균열시키는 지질학적 압력

동아프리카의 땅은 깨진 유리창처럼 조각이 난 상태이다. 또 연구자들은 타주라Tadjourah 만에 있는 지부티Dschibutis 해안 앞에서 끊임없이 대지의 진동이 관측되었다고 전했다. 진동은 해령(海嶺, Mittelozeaniser Rücken, 대양 중앙부에서 주위의 해양 분지보다 2500~3000미터 높이로 솟아오른 대규모의 해저 산맥―옮긴이)에서 발생한 것이다. 이런 해저의 산맥에서는 끊임없이 새로운 지각이 형성된다. 균열된 틈에서는 용암이 솟아오르고 굳어져서 새로운 해저가 된다. 상승하는 마그마는 해저 양쪽에서 서로 압력을 가하는데 이때 지구판(Erdplatte, 지구 구조상 지각과 맨틀의 최상부를 포함하는 부분을 전체적으로 암권이라고 부르며 이 암권의 한 조각을 판이라고 함―옮긴이)이 흔들리게 된다. 이 영향으로 땅이 움직이는 것이다.

타주라 만의 진동은 지난 수개월 동안 해안 쪽으로 점점 더 가까이 접근해 왔다. 에빙거의 설명에 따르면 해저의 균열이 점차 육지로 옮겨오는 것이라고 한다. 에티오피아 사막에서는 이미 여러 차례 땅의 균열 현상이 일어났다. 이곳에서는 평소에 해저에서나 진행되던 광경이 지표면에서 발생했다. 지질학적으로 화젯거리가 아닐 수 없다.

지진이 깊지 않은 곳에서 일어나는 것도 사막 지형이 해저로 변하고 있다는 증거이다. 평소 같으면 해저산맥이나 해령에서 일어나던 지진이 동북 아프리카에서는 얕은 육지에서 여러 차례 일어났다고 연구자들은 보고하고 있다. 이는 육지의 균열 때문이다. 지난 몇 년간 연구자들은 동북 아프리카의 아파르 삼각지대 20여 곳에서 지표면에 가까운 지하의 화산 폭발이 있었음을 확인했다. 리즈 대학의 데렉 키어Derek Keir의 보고에 따르면 마그마 때문에 거의 8미터의 폭으로 땅이 갈라졌다고 한다. 마그마는 대부분 지하에 묻혀 있지만 에타 알레에서는 지표면까지 올라왔다. 과학자들은 마그마의 종류에도 놀라움을 표한다. 보통 심해의 해령에서나 일어나는 형태이기 때문이다. 규산이 상대적으로 적게 분포된 것이 특징이라고 할 수 있다.

이 일대 전체는 점점 해저를 닮아가고 있다. 단지 물이 없다는 게 다를 뿐이다. 팀 라이트는 2005년부터 2010년 말까지 3.5입방

아프리카의 땅이 갈라지고 있다.〈출처:(CC)Photograph by Tim Wright, University of Leeds〉

킬로미터에 해당하는 마그마가 올라왔다고 보고한다. 이 정도면 런던 전체가 마그마로 뒤덮일 양이라고 한다. 지질학적으로 볼 때 마그마는 급속도로 다가오고 있다. 암반 사이로 1분에 30미터 속도까지 치솟으며 상승하고 있다. 위성 레이더로 측정한 것을 보면 마그마 위의 땅은 마치 한여름 달구어진 아스팔트처럼 200킬로미터 가량 쭈글쭈글하게 기복이 생겼다.

위성 데이터는 현재 이 지역의 광범위한 곳이 균열되고 있다는 것을 보여준다. 동부 이집트도 지하의 마그마의 흐름으로 땅이 무척 가열된 상태이다. 말라위Malawi에 있는 카롱가Karonga 일대의 사막은 갈라진 곳의 길이가 17킬로미터나 되는 곳도 있다. 이곳에서는 수천 년 만에 나브로Nabro 화산이 잠에서 깨어나 화산재 구름을 15킬로미터 상공까지 뿜어내기도 했다. 이 폭발은 너무도 뜻밖이어서 국제 항공안전 전문가들조차 처음에는 다른 화산이 폭발한 것으로 여길 정도였다.

지난 몇 년 동안 가장 강력하게 마그마가 끓어오른 현상은 예기치 못한 곳에서 일어났다. 2009년 5월 사우디아라비아의 지하에서 발생한 화산 폭발이다. 진도 5.7의 강력한 지진과 1만여 차례의 가벼운 진동이 일어나자 3만 명의 주민은 안전장소로 대피해야 했다. 베를린과 함부르크를 합친 규모의 지역에서 마그마가 바닥에서 솟구친 것이다. 폭발이 일어난 곳은 동북 아프리카의 단층대에서 200킬로미터 떨어진 곳이었으며, 신시아 에빙거는 갑작스런 화산 폭발로 사람들이 무척 놀랐다고 말한다.

지구 최대의 공사 현장이라고 할 화산 폭발은 점점 광범위해지고 있다. 하지만 거대한 화산도 언젠가는 바닷속으로 가라앉을 것이다. 지구물리학자들의 계산에 따르면 동아프리카 지구대(地溝帶, 단층 운동의 결과, 단층 사이에 함몰된 낮은 지대가 길게 연속적으로 나타나는 지형—옮긴이)는 1000만 년 이후에는 홍해까지 연장될 것이라고 한다. 그렇게 되면 현재 뿔처럼 생긴 아프리카의 모퉁이는 사라지고 말 것이다.

동아프리카의 지각을 균열시키는 지질학적 압력은 서아시아의 육지까지 갈라 놓았다. 이곳에서는 레바논에서 홍해까지 땅의 균열이 일어나고 있다. 이 균열은 여러 차례 인류의 운명을 결정적으로 바꿔놓았다. 호모 사피엔스가 아프리카를 떠나던 순간부터 근대문명이 탄생하던 시점까지.

# 30.
# 인류의 운명선 사해 단층이 위험하다

**레바논에서 홍해에 이르는 땅의 균열 현상**

예리코 성이 이스라엘의 지도자 여호수아에게 정복당한 것은 정복자 때문이 아니라 지질학적인 단층선 때문이었다. 성서에 따르면 모세의 후계자인 여호수아는 이스라엘 민족을 위해 약속의 땅을 차지했다. 그의 군대가 성을 포위했을 때 하느님의 도움으로 군대의 나팔소리가 울리고 성벽이 허물어졌다고 기록되어 있다. 하지만 아모스 누어는 지진이 잦은 지역적 환경 때문에 성이 파괴되었을 것이라고 추측한다. 고대 지진학자들은 예리코 성의 폐허와 지하에서 22차례의 지진이 있었다는 흔적을 증명해 보였다.

레바논에서 홍해까지 땅이 갈라진 곳은 1000킬로미터가 넘는다. 식물이 자라는 흔적은 찾아볼 수 없는 이곳은 이스라엘과 요르단 국경을 따라 북에서 남으로 줄처럼 그어져 있다. 골짜기가 펼쳐지는 곳에는 호수가 생겨났다. 그 중에서 가장 큰 사해는 지구상에서 가장 낮은 지대를 형성하고 있다. 이 사해 단층Dead-Sea-Fault에 신경 쓰는 사람은 아무도 없는 것 같다. 이 단층은 대부분의 주거지와 떨어져서 사막으로 이어지는데, 흔히 무관심 때문에 잘못 알기 쉽다. 지질학자들에 따르면 단층선은 인류의 운명선이나 다름없다. 단층선 때문에 인류가 아프리카를 빠져나올 수 있었고 근대 문명도 단층선 때문에 가능했다. 단층선은 실제로 성서에 나오는 수많은 사건의 배경이 되었던 것이다.

운명선의 역사는 동북 아프리카에서 마그마가 유출되던 3000만 년 전에 시작되었다. 용접용 버너에 절단되듯이 아라비아 반도는 지각이 용해되면서 아프리카에서 잘려 나갔다. 이 두 개의 지구판 사이에서 육지가 주저앉았고, 주저앉은 지구地溝로 홍해가 흘러들었다. 아라비아는 지질 구조에 따른 힘으로 북쪽으로 밀려났다. 하지만 판의 이동이 순조롭게 이루어진 것은 아니다. 아라비아 반도의 서쪽에서 이동에 제동이 걸렸다. 마치 종이를 펼쳐 왼쪽 절반은 고정시키고 오른쪽 절반은 밀어낼 때처럼 판이 균열 상단을 찢으면서 사해 단층을 만든 것이다.

텔아비브 대학의 즈비 벤-아브라함Zvi Ben-Avraham은 약 200만 년 전에 뜯어지기 쉬운 이음새가 인간의 운명에 영향을 미치기 시작했다고 말한다. 거대한 힘이 레반테Levante 지역의 사막 불모지를 원시인에게는 유리한 환경으로 바꿔놓았다. 서아시아의 지하에 지질 구조상의 압력이 누적되자 단층의 양 측면이 올라갔다. 당시 사해의 바닥에는 높은 지대에서 물이 흘러들어 와서 이전보다 훨씬 풍부한 진흙이 쌓였다. 벤-아브라함은 "산맥 사이에 낀 하천들이 수많은 호수를 만들었다"라고 말한다. 이전의 황무지가 옥토로 변하면서 아프리카를 떠나 이곳에 첫 발을 디딘 인간에게는 살기 좋은 안식처가 되었다.

아프리카—'인류의 발상지'—에서 나오는 유일한 육로는 시나이 반도를 거쳐 아라비아 반도로 이어진다. 200만 년 전까지 이 황무지를 통과한 원시인은 없었다. 하지만 옥토로 변한 레반테 통로가 열린 이후 호모 에렉투스(Homo erectus, 신생대 제4기 홍적세에 살던 멸종된 화석인류로 160만 년 전부터 25만 년 전까지 전 세계에 걸쳐 분포하였으며, 아직도 상당한 논란이 있으나 일반적으로 호모 사피엔스의 직계조상으로 간주된다. 직립원인直立猿人이라는 뜻—옮긴이)가 아프리카를 빠져나왔다. 사해에 묻혀 있던 140만 년 전의 도구가 이를 증명해 준다.

벤-아브라함은 이것이 "아프리카 밖에서는 가장 오래된 원시인의 유물"이라며 "젖과 꿀이 흐르는 이 땅이 최고의 생존조건을 제공했다"고 말한다. 약 7만 년 전에 해부학적인 현생인류의 최초 대표들도 이렇게 느꼈을 것이다. 그리고 호모 사피엔스도 호모 에렉

투스의 뒤를 따랐다. 이들도 이 이상적인 세계에 도달했다. 미국 스토니 브룩 대학의 존 쉐아John Shea는 호모 사피엔스가 최초로 네안데르탈인을 만난 것이 레반테 통로일 것이라고 추정한다. 인류학자인 쉐아는 "여기서 인류의 조상은 경쟁자에 맞서는 전략을 개발했다"고 말한다.

이후 수천 년이 더 지난 뒤 사해의 운명선은 인류 역사에서 주목할 만한 발전을 이루게 했다. 바로 농업의 발명이다. 레반테 지역의 기후는 다시 건조해졌다. 인간은 식량을 얻기 위해 약 1만 3000년 전에 곡식을 재배하기 시작했다. 이 지역에서 발견된 곡식의 흔적은 농업에 대한 증거로서는 가장 오래된 것이다. 이렇게 해서 사해 단층에는 문명의 발상이 새겨졌다.

### 예리코 성의 22 차례의 지진

약 1만 2500년 전에 최초의 주민 일부가 사해 부근의 물이 풍부한 곳에 예리코(Jericho, 여리고) 마을을 세웠다. 예리코는 세계에서 가장 오래된 도시 가운데 하나로 고대에는 매우 중요한 상업의 중심지였다. 비단 성서뿐만 아니라 많은 고대 문헌이 이곳을 언급하고 있다. 미국 스탠퍼드 대학의 지진학자 아모스 누어Amos Nur는 구전 민담에서는, 파괴적일 때도 있었던 이 지역의 지질학적인 영향이 대부분 무시되고 있다고 말한다.

예리코 성이 이스라엘의 지도자 여호수아Joshua에게 정복당한 것은 정복자 때문이 아니라 본질적으로 지질학적인 단층선 때문이다. 성서에 따르면 모세의 후계자인 여호수아는 이스라엘 민족을 위해 약속의 땅을 차지했다. 그의 군대가 성을 포위했을 때 하느님의 도움으로 군대의 나팔소리가 울리고 성벽이 허물어졌다고 기록되어 있다. 하지만 아모스 누어는 지진이 잦은 지역적 환경 때문에 성이 파괴되었을 것이라고 추측한다. 고대 지진학자들은 예리코 성의 폐허와 지하에서 22차례의 지진이 있었다는 흔적을 증명해 보였다.

벤-아브라함의 보고에 따르면 사해의 바다에서도 수천 년 전에 강력한 진동이 있었던 흔적이 발견된다. 지질학자들은 연구용 잠수함을 타고 조사하여 사해 바닥의 한쪽 측면이 마치 매끈매끈한 벽처럼 수 미터 가량 가파르게 불쑥 솟아오른 것을 발견했다. 이런 식으로 지하의 일부를 위로 솟구치게 할 만한 힘은 강력한 지진밖에 없다는 것이다. 아마 수천 년 동안 서아시아에서 가장 중요한 도시 역할을 했던 므깃도Meggido를 뒤흔든 지진의 하나였을지도 모른다.

므깃도는 시리아와 이집트 사이의 무역로 부근인 현재의 북이스라엘의 언덕 위에 있었다. 이곳은—성서의 요한계시록에 나오는 신과 사탄의 결전장 '아마겟돈Armageddon'의 무대(이 말은 '할 므깃도Har Meggido'와 '므깃도의 산'에서 유래한다)—여러 차례 지진으로 폐허가 되었다. 지진과 군대의 전투가 므깃도의 운명을 결정지었다. 파라오 투트모세Thutmoses 3세는 "므깃도를 점령하는 것은 다른 도시 1000개를 점령하는 것을 의미한다"라며 열광했다. 기원전 1468년 파라오는 이 도시를 점령했다. 하지만 역사가들은 야전 지휘를 맡은 파라오의 능력이 뛰어나 점령에 성공한 것은 분명히 아니라고 주장한다. 그보다는 지진으로 이 도시가 황폐해졌기 때문에 쉽게 점령할 수 있었던 것이라고 아모스 누어는 말한다. 기원전 1250년에 므깃도가 파괴된 것도 마찬가지로 지진 때문이며, 흔히 주장하듯이 이스라엘 군대 때문이 아니라는 것이다. 연구 결과에 따르면 기원전 1000년에서 2000년 사이에 므깃도는 강력한 지진으로 적어도 네 차례는 파괴되었다.

또 사해 단층은 로마제국 시대에도 역사의 흐름에 영향을 미쳤다. 기원전 31년 예컨대 "전례 없는 지진이" 서아시아를 뒤흔들어 "수만 명이 사라졌다"는 당대의 증언도 있다. 아랍 부족은 지진으로 정신없던 유대왕국을 공격할 기회를 잡았다. 하지만 놀랍게도 로마의 분봉왕分封王인 헤롯의 군대는 광야에서 지진을 견뎌내고 아랍군을 물리쳤다. 그리고 헤롯은 원정군으로 나섰다. 이후 유대왕국은 가장 크게 영토를 넓혔다. 이 또한 역설적으로 끔찍한 지진이 있었기 때문에 가능했다고 아모스 누어는 요약한다.

약 400년 뒤 운명선은 다시 흔들렸다. 363년에 지진이 발생해 서아시아의 100개 도시가 파괴되었다. 당대의 보고서나 폐허 및 지층의 유물을 보면 사회적으로 오랫동안 영향을 미친 충격적인 재난이 있었다는 것이 입증된다. 예를 들어 예루살렘에서는 유대 성전의 재건을 중단할 수밖에 없었다. 로마인들은 기독교도의 세력을 약화시키기 위해 이와 같은 일을 자행했다. 하지만 지진이 일어나자 유대인들은 이것을 신의 계시로 해석하여 다시 용기를 냈다.『신약성서』에는 예수가 성전 파괴를 예언한 것으로 나온다.

다만 지난 수백 년 동안은 잠잠해져서 이 지역에 강력한 지진은 발생하지 않았다. 그러나 사해 단층은 언제라도 다시 위력을 드러낼 수 있다. 지질학자 벤-아브라함은 어쩌면 다음에 올 지진이 연속으로 엄청난 파괴력을 지닌 것이 아닐까 두려워하고 있다. 이처럼 어떤 지진층에 오랫동안 긴장이 누적되었다면 일단 몇 년 안에 이른바 지진폭풍이 일어날 때 그것은 마치 봇물 터지듯 걷잡을 수 없는 위협이 될 것이다. 이렇게 되면 단층선은 다시 운명선이 될 수 있을 것이다. 벤-아브라함은 서아시아의 지질 구조적 불안정이 세계 정치의 안정을 해칠 것이라며 "서아시아에 강력한 지진이 발생하면 그 여파는 상상할 수 없다"라고 말한다.

지하에 잠복한 자연의 위험은 지진과 화산 폭발에 그치지 않는다. 다음 장에서는 지하의 재난에 대해서 소개할 것이다. 지하의 석탄층에 불이 붙으면 땅은 기복 현상을 보이고 유독가스가 배출된다. 사람들은 질식하고 집이 주저앉으며 땅은 뜨겁게 녹아내려 신발이 길바닥에 달라붙을 것이다.

# 31.
# 지하의 화재 경보

**카라쿰 사막의 불타는 구덩이**

다르바자의 주민들은 이 불타는 구덩이를 '지옥문'이라고 부른다. 이 불은 40년 동안이나 계속 타고 있다. 불이 붙은 것은 사고 때문이었다. 천연가스를 개발하기 위한 시추 탑이 땅속으로 무너져 내리면서 땅에 큰 틈이 벌어졌고 가스 샘이 불타오른 것이다. 시추 탑은 천연가스 폐공으로 떨어졌다. 책임 당국에서는 곧 효과적인 조치를 취했다. 그대로 방치하면 뜨거운 김 때문에 유독성 가스에 불이 붙을 수 있기 때문이다. 이들은 며칠 지나면 불길이 사그라질 것이라고 믿었다. 그러나 이런 생각은 오산이었다.

투르크메니스탄Turkmenistan의 카라쿰Karakum 사막은 밤이 되면 불빛이 더욱 밝게 빛난다. 어둠이 깔리기 시작하면서 이미 지평선에 불빛이 보인다. 이 불빛은 황량한 벌판에서 나오는 것이다. 그곳에 가까이 다가가 본 사람은 지하세계로 들어가는 입구가 보인다고 말한다. 인근에 있는 사막의 작은 마을인 다르바자Darvaza의 주민들은 이 불타는 구덩이를 '지옥문'이라고 부른다. 이 불은 40년 동안이나 계속 타고 있다.

처음 불이 붙은 것은 사고 때문이었다. 천연가스를 개발하기 위한 시추탑이 땅속으로 무너져 내리면서 땅에 큰 틈이 벌어졌고 가스 샘이 불타오른 것이다. 시추탑은 천연가스 폐공으로 떨어졌다. 책임 당국에서는 곧 효과적인 조치를 취했다. 그대로 방치하면 뜨거운 김 때문에 유독성 가스에 불이 붙을 수 있기 때문이다. 이들은 며칠 지나면 불길이 사그라질 것이라고 믿었다. 그러나 이런 생각은 오산이었다.

다르바자의 지옥불은 40년 이상 꺼지지 않으면서 학술적으로 화젯거리가 되었다. 러시아의 지질학자들은 지속적으로 이 분지를 조사했지만 곧 불이 꺼질 것이라는 징후는 찾아내지 못했다. 그 사이 이 불구덩이는 현재 최대의 자연재해를 상징하는 기념비 같은 존재가 되었다. 많은 나라에서 지하의 화재가 발생하고 있기 때문이다. 이런 위협에 노출된 사람은 수만 명이나 된다(독일에서도 석탄층이 타고 있지만 소규모 지역으로 제한되어 있다. 자르브뤼켄Saarbrücken 시 외곽에 있는 360미터 높이의 '불타는 산'은 괴테가 살던 시대부터 관광객을 끌어들였다. 16세기나 17세기에 숲이 무성한 언덕에서 석탄층에 불이 붙어 오늘날까지 타고 있으며 암반 사이로는 뜨거운 증기가 올라온다).

이와 같은 땅속의 화재는 특히 인도와 중국, 인도네시아, 남아프리카, 미국 등에서 문제가 되고 있다. 이 지역에서는 수천 곳에서 석탄층에 불이 붙어 불길이 땅속 깊은 곳까지 침투했다. 현장을 연구 분석한 결과에 따르면 전 세계적으로 해마다 6억 톤의 석탄이 쓰지 못하고 버려지고 있다. 새삼스러운 일도 아니다. 오스트레일리아에서는 대략 6000년 전부터 석탄층이 타고 있기 때문이다. 미국 펜실베이니아 주의 센트럴리아Centralia 시는 이미 주민이 떠나버려 폐허가 되었다. 석탄 화재가 심각해졌기 때문이다. 인근의 다른 마을도 비슷한 위협을 받고 있다. 예를 들어 유니온타운Uniontown의 주민들은 지하의 불길이 점점 다가오는 기미를 느낄 정도이다. 이곳의 초원은 땅이 가열되어 굴곡이 생겼고 집집마다 정원 한쪽에서 김이 솟아오르고 있다.

**인도와 중국의 지하가 끓고 있다**

특히 지하의 불길이 넓게 확대되고 있는 곳은 인도와 중국이다. 이곳에서는 수천 킬로미터에 이르는 석탄층이 불길에 휩싸여 있다. 독일의 연방 주 정도 크기의 지역이 불길에 노출되어 있으며 수많은 도시에 위협이 되고 있다. 암반이 뜨겁게 달아오른 지역에서는 땅속으로 100미터 이상 갈라진 곳이 많다. 숲과 초원도 불에 노출된 상태여서 일대가 유황 냄새로 뒤덮여 있다. 소화 작업을 돕고 있는 지질회사 DMT의 전문가들은 경종을 울리는 보고서를 제출하고 있다.

예컨대 인도 자리아Jharia 지역에서는 불길로 지반이 약화되면서 이미 많은 집이 무너졌다. 또 지하에서 올라오는 일산화탄소 가스 냄새를 맡지 못하고 잠을 자다가 변을 당하는 사람들도 있다. 이 지역의 땅이 파괴되면서 벌어진 틈으로 떨어져 실종된 아이들도 있다. DMT의 하르트비리 길리쉬Hartwig Gielisch가 보고한 바에 따르면 지표면의 온도가 100도가 되는 곳도 많다. 길리쉬는 "보통 신발은 다 녹아버린다"라고 말한다. 이곳에서 걸어 다니려면 특수 장화를 신어야 할 것이다.

자연적인 원인으로 석탄층에 불이 붙은 경우는 별로 없다. 대부분 사냥감을 쫓거나 담배꽁초, 쓰레기 소각 등 사람들의 과실 때문에 생긴다. 대표적인 경우가 광산을 굴착하거나 갱도에서 작업을 할 때 발생한다. 인도와 중국에서는 아직도 개인적으로 석탄을 캐는 경우가 흔하다. 불을 낸 사람은 대개 자신이 무슨 일을 했는지도 모르는 경우가 많다. 광부가 원인을 제공한 뒤 한참 지나서 화재가 발생하기 때문이다.

채탄 작업을 하는 광부들이 땅을 파서 구멍을 내면 공기가 유입

되면서 석탄에 불이 붙는다. 산소와 결합하면 열기에 노출되어 화학반응이 일어나기 때문이다. 80도가 넘는 열기가 모이게 되면 불이 붙는다. 그래서 전문적인 시설이 갖춰진 탄광에서는 '통풍'을 시킨다. 말하자면 갱 안이 너무 가열되지 않도록 오염된 공기를 배출시키는 것이다. 하지만 인도와 중국에서는 수많은 광산이 심하게 가열되는 일이 많다. 그래도 민간 광산에서 채탄 작업으로 생활을 꾸리는 사람이 많기 때문에 당국은 사태를 제대로 통제하지 못한다. 또 대부분의 가정이 석탄을 난방용으로 사용하기 때문에 석탄을 원하는 수요가 줄지 않는다는 것도 문제이다. 따라서 민간업자들이 아무런 안전 대책 없이 함부로 여기저기 굴착공사를 해도 당

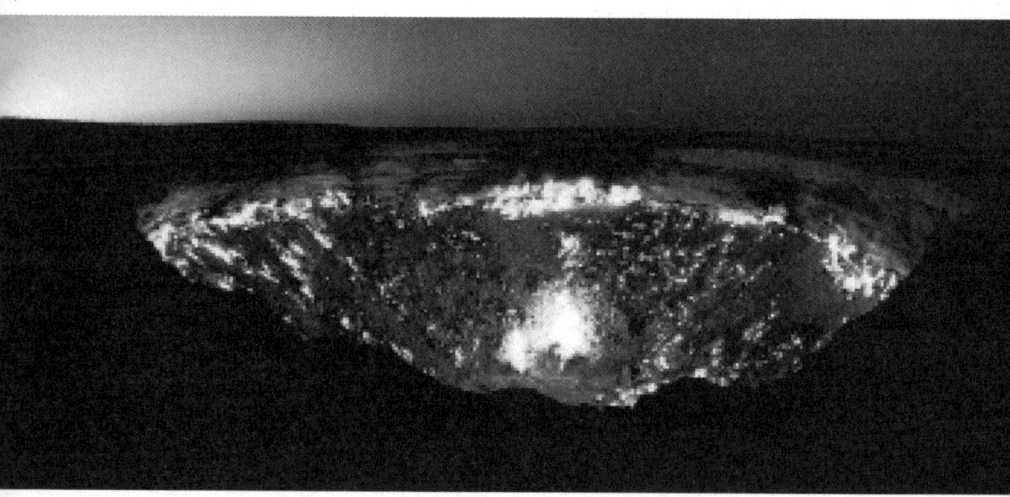

2011년 9월에 찍은 다르바자 지역의 불타는 구덩이.
〈출처:(CC)Tormod Sandtorv at wikipedia.org〉

국으로서는 제대로 손을 쓰지 못하는 실정이다.

이런 현실 때문에 인도와 중국 당국은 석탄 화재 건수를 줄이는 데 최대의 관심을 쏟는다. 높은 에너지 수요를 감안해서 자원을 보호하는 방향으로 노력을 기울인다고 할 수 있다. 그러나 독일 항공우주산업센터DLR의 전문가들의 평가에 따르면 해마다 중국에서 화재로 쓰지 못하게 되는 석탄이 2500만 톤은 될 것이라고 한다. 이 정도면 독일의 연간 채굴량과 거의 맞먹는 양이다. 뿐만 아니라 화재 지역 부근의 석탄도 쓰지 못하게 된다. 독일 항공우주산업센터에 따르면 중국에서 이런 이유로 폐기되는 석탄 양이 연간 약 2억 톤에 이른다.

**세계적인 환경 재앙 석탄 화재**

자원 낭비 외에도 인도와 중국 당국에 직접적인 위협이 되는 문제는 그동안 석탄 화재로 수백 개의 마을이 위험에 빠졌다는 사실이다. 하지만 이 재난을 막기는 쉽지 않다. 곳곳에서 연기가 나는데도 발화 지점을 찾지 못해 전전긍긍하고 있는 실정이다.

하르트비히 길리쉬Hartwig Gielisch는 다르바자의 분지와는 달리 인도에서 발생하는 지하 화재는 대부분 직접 눈에 보이지 않는다고 말한다. 단지 뜨거운 김과 지열이 위험하기 짝이 없는 화재가 있다는 사실을 알려줄 뿐이다. 길리쉬는 때로 발화점과 아주 멀리

떨어진 곳에서 지면의 갈라진 틈으로 연기가 올라오기 때문에 수색대가 헛수고를 하는 일이 많다고 설명한다. 물론 독일 항공우주산업센터의 전문가들이 위성에서 보내온 자료 덕분에 열기를 분포한 많은 지역을 확인하거나, 적외선 카메라와 공중기상관측의 도움으로 지하 화재 지역을 파악하기도 했다. 항공우주산업센터의 슈테판 포이크트Stefan Voigt는 "하지만 어떤 방식으로 불길이 번지는지 알 수 없는 한 그런 측정은 별 의미가 없다"라고 말한다.

독일 연구진은 컴퓨터 모델을 개발해서 석탄 화재가 확산되는 것을 시뮬레이션으로 파악할 계획이다. 그러자면 현장 조사가 필수적이다. 독일 항공우주산업센터의 전문가들은 수년간 인도 자리아 지역을 조사했다. 인도 정부와 계약을 맺은 이들은 "우리의 임무는 우선 화재를 감지하는 것"이라고 말한다.

자리아 지역은 "전체가 불타고 있다"는 것이 길리쉬가 내린 결론이다. 길리쉬 팀은 55개 지역에서 화재를 발견했다. 다음은 소화 대책을 마련하는 것이다. 전문가의 감정에 따르면 화재를 진압하는 과정에서 결정적인 실수가 드러났다. 길리쉬는 "주민들이 물로 불길을 잡으려고 했는데, 이건 좋은 생각이 아니다"라고 말한다. 이 때문에 석탄산이 땅으로 스며들면서 유독성분이 지하수로 흘러들었다. 화재의 재난에 이어 오염의 재난이 뒤를 따랐다. 이 밖에도 물이 지하 화재를 가속화시키기도 한다. 마치 뜨거운 프라이팬에 기름을 부은 격이다. 물은 열기를 땅속에 가두어 흐름을 정체시킬 뿐이다.

 전문가들은 분진이나 특수거품 또는 시멘트를 이용해 석탄 화재에 대처하려고 한다. 우선 여러 발화 지점에 흩어져 있는 살수기와 굴삭기를 치운 뒤 불길을 잡기 위해 인부를 동원해 땅속에 콘크리트를 쏟아 붓기로 했다. 결국 소화 작업에는 돈이 들어간다. 길리쉬는 값비싼 거품 소화기가 가장 효과가 뛰어나다고 말한다. 자체로 응고되는 이 물질이 갑옷처럼 불길을 둘러싸 진압한다는 것이다. 비용이 저렴한 것으로는 화력발전소에서 대량으로 쏟아져 나오는 분진을 사용하는 방법이 있다. 또 많은 곳에서는 굴삭기를 동원해 대량의 모래와 흙을 갈라진 틈에 부어 산소를 차단할 방법도 구상하고 있다.

 그 사이에 석탄 화재는 세계적인 환경 재앙이 되어가고 있다. 이 불로 온실가스의 주범인 이산화탄소가 엄청나게 배출되기 때문이다. 배출량을 감당할 수 있는 나라는 미국밖에 없다. 연구 결과에 따르면 미국에서 석탄 화재로 발생하는 이산화탄소의 양은 사람이 내뿜는 전 세계 온실가스 배출의 1퍼센트에 이른다. 하지만 인도와 중국의 석탄 화재는 미국보다 규모가 훨씬 크다. 미국 이스트조지아 칼리지의 전문가들의 평가에 따르면, 사람이 배출한 전 세계 이산화탄소의 3퍼센트가 중국의 석탄 화재로 발생한다. 그러나 이런 배출 수치에 대해서는 심한 논란이 있다.

 화재에 따른 이산화탄소의 배출은 무엇보다 석탄이 얼마나 충분히 연소하는가에 달려 있다. 먼 옛날에는 세계적으로 석탄층이 거의 완전연소를 한 것으로 보인다. 전문가들은 2억 5000만 년 전에 배출가스가 바다를 오염시켜 대량 멸종사태를 부른 적이 있다고 추정한다(탄화수소로 된 연료가 완전 연소하면 이산화탄소와 물이 생성된다. 완전 연소가 이루어지면 불완전 연소 때보다 많은 열량이 방출됨─옮긴이).

이 사건은 모든 시대를 통틀어 최악의 결과를 낳았다. 당시 모든 해양생물의 90퍼센트, 육상생물의 70퍼센트가 멸종했다. 하지만 현재는 통제가 가능하다는 것이 전문가들의 의견이다. 인도에서는 여러 해 동안 타던 불길을 단 이틀 만에 잡은 적도 있다고 길리쉬는 말한다.

자리아의 석탄 화재도 10년 내에 진화할 수 있을 것이다. 그러나 진화에 성공한다 해도 문제가 해결되는 것은 아니다. 인도와 중국에서는 거의 매일 새로운 발화점이 발견되기 때문이다.

또 다른 측면에서는 기후 변화를 둘러싼 논란이 더욱 뜨거워지고 있다. 이 논란은 단순히 과학적인 데이터에만 기초한 것이 아니라 감정과 정치적인 입장에 따라 영향을 받는다. 연구자들은 약자의 위치에서 관심을 가진 사람들이기 때문에 꼭 과학 발견에 기여하는 측면에서 연구 성과를 옹호하지만은 않는다.

다음 장에서는 유례가 없는 학술 분쟁, 이른바 기후게이트 Climategate에 대한 이야기를 다룰 것이다. 2009년 11월, 누군가가 영국 기후 연구가의 이메일을 해킹하여 인터넷에 유포시켰다. 온라인상의 대화를 보면 지도적인 위치에 있는 기후 연구가들이 외부에서 때로 거센 공격을 받으면서 참호전을 방불케 하는 엄청난 분쟁에 휘말려 들었음을 알 수 있다. 언론과 환경단체, 정치인들도 예외가 아니었다.

# 32.
# 기후게이트

**기후 문제를 둘러싼 열전**

기후 논쟁은 오래전부터 명확하게 전선이 갈렸다. 한쪽에는 몇 안 되는 주도적인 기후 연구가의 활동이 있고, 다른 쪽에는 지구온난화의 위험성을 의도적으로 무시하려는 기업 연합의 강력한 로비가 자리하고 있다. 이 로비는 특히 미국의 다양한 우파 정치인과 음모론자, 그리고 과학계에서 엉뚱한 생각을 하는 사람들의 지원을 받고 있다. 물론 이런 역할이 확연하게 구분되는 것은 결코 아니다. 기후 연구가 다수가 이 양 진영 사이에 끼어 있기 때문이다.

우리의 지구가 2100년까지 섭씨 1도나 2도 또는 그 이상 더워진다면 어떻게 될까? 기후 변화의 책임이 꼭 인간에게만 있는 것일까? 그렇다면 이 변화를 막기 위해 무엇을 할 수 있을까?

물론 그동안 온난화의 회의론자들조차 인간과 공장, 자동차가 지구 온도를 높이고 있다는 사실을 인정하기는 했지만 지구온난화의 범위와 결과를 둘러싼 논란은 여전히 뜨겁게 전개되고 있다. 이런 반응이 더욱 극적으로 치달은 것은 2009년 11월, 누군가가 1000여 통에 이르는 영국 기후 연구가의 이메일을 해킹하여 인터넷에 유포시켰을 때 일어났다. 엄청난 스캔들이 예상되었다. 이 사건은 과거 미국 대통령 리처드 닉슨을 자리에서 물러나게 했던 워터게이트 스캔들을 본떠 '기후게이트Climategate'라는 이름이 붙여졌다.

15년에 걸쳐 주고받은 1000여 통의 기후게이트 메일은 인터넷에서 누구나 쉽게 접근할 수 있으며 인쇄를 하면 두툼한 서류철 5개는 꽉 채울 정도의 양이다. 모든 이메일에는 그전에 주고받은 전체적인 통신 내용이 딸려 있다. 따라서 이런 식의 서신 교환은 기후학의 메커니즘과 전선, 양 진영의 싸움을 들여다보게 해주는 유일한 수단이다.

이 이메일을 처음부터 끝까지 샅샅이 읽어본 사람이면 광범위한 음모가 있다는 주장은 터무니없다는 것을 알 수 있다. 하지만 내용을 분석해 보면 지도적인 위치에 있는 기후 연구가들이 외부에서 때로 거센 공격을 받으면서 참호전을 방불케 하는 엄청난 논쟁에 휘말려 들었다는 것을 알 수 있다. 언론과 환경단체, 정치인들도 이 싸움에서 예외가 아니었다.

**지구온난화를 둘러싼 논쟁**

기후 논쟁은 오래전부터 명확하게 전선이 갈렸다. 한쪽에는 몇 안 되는 주도적인 기후 연구가의 활동이 있고, 다른 쪽에는 지구온난화의 위험성을 의도적으로 무시하려는 기업 연합의 강력한 로비가 자리하고 있다. 이 로비는 특히 미국의 다양한 우파 정치인과 음모론자, 그리고 과학계에서 엉뚱한 생각을 하는 사람들의 지원을 받고 있다. 물론 이런 역할이 확연하게 구분되는 것은 결코 아니다. 기후 연구가 다수가 이 양 진영 사이에 끼어 있기 때문이다. 이들은 자신의 연구 결과를 정확하게 해석하는 일에 어려움을 겪는다. 과학적 사실이 종종 이 결과와 모순될 때가 있기 때문이다. 물론 지구온난화가 눈앞에 닥친 시급한 문제라는 진단은 충분히 입증되었다. 하지만 온난화의 결과에 대해서는 여전히 커다란 불확실성이 존재한다.

양 진영은—주도적인 기후 연구가와 기업체에서 파견한 사람 및 소규모의 비판그룹으로 구성된 상대—처음부터 막무가내로 싸웠다. 이런 사태는 1986년 독일 물리학자들이 최초로 극적인 호소문을 대중에게 돌린 것이 발단이 되었다. 여기서 물리학자들은 '기후 대재앙'을 경고했다. 호소문의 목표는 이산화탄소를 배출하는 석탄 화력발전소에 대응해 원자력 발전소를 후원하려는 것이었다.

물론 당시 학계에서도 이미 위협적인 기후온난화에 대해 확실하게 지적한 바 있다. 이 때문에 유엔은 1988년 기후위원회의 기능을 담당할 '기후 변화에 관한 정부간 협의체IPCC'를 창설했다. 그런데 1988년 여름에 극심한 가뭄이 이어지자 미국에서도 이 문제가 큰 관심을 끌게 되었다. 정치인들은 NASA의 과학자인 제임스 한센James Hansen을 청문회로 불러내기 위해 이 가뭄을 이용했다.

한센은 이미 몇 년 전에 전문지에 기고한 글에서 인간으로 비롯된 기후 변화를 경고한 적이 있었다. 정부에서 한센을 증인으로 지명하면서 그가 쓴 논문의 불확실성이 강력하게 제기되자 당시 상원의원이자 이후 부통령이 된 앨 고어는 추문을 터트릴 계획을 세웠다. 이른바 정부의 은폐 기도가 있다는 정보를 언론에 흘린 것이다. 미국 정부는 상황이 절박해졌다. 석유회사들은 발등에 불이 떨어진 것처럼 움직였다. 이들은 화석 에너지원의 가격 인상을 두려워하던 다른 업종의 기업들과 연합전선을 형성했다. 또 목표를 관철하기 위해 버지니아 대학의 패트릭 마이클스Patrick Michaels 같은 유능한 기후학자도 몇 명 영입했다.

기업체 로비의 목표는 연구 결과의 불확실성을 최대한 이용하는 것이었다. 기업 연합은 수백만 달러의 자금을 동원해 기후 회의론자들의 로비 및 선전 활동을 지원했다. 1991년 환경정보협의회ICE 는 "전문지식이 부족한" 인사들에게 도움을 청하고 전략문서에서 표현한 대로 "지구온난화가 아직은 요원한 일인 것처럼 보이게 하는 캠페인"을 기획했다. 석유회사의 로비 집단인 '지구기후과학팀'의 전략문서에는 "보통 사람들이 기후 연구의 불확실성을 알게 되면 승리할 수 있을 것"이라고 기록되어 있다. 동시에 이들은 전문가 계층에도 도움을 요청했다. 말하자면 '지구기후연합'—에너지 회사에서 설립한—은 이런 목적을 갖고 유엔 대표들에게 영향력을 행사했다. 또 미 의회 의사당 앞에서는 온난화 문제에 회의적인 과학자들의 생각을 한껏 부각시키는 캠페인을 벌였다.

그러자 결정적인 변화가 일어났다. 연구 결과를 회의하던 기후학자 일부가 기업체 로비 단체로 넘어간 것이다. 불법적으로 유포된 이메일을 보면 지도급 과학자들이 이른바 기후 회의론자의 집중포화 같은 선전에 어떤 반응을 보였는지 드러난다. 상대편 진영이 그들의 연구 결과의 불확실성을 이용하지 않을까 하는 불안감에서 많은 학자들이 그들의 약점을 감추려고, 상대 단체로 가는 위험을 무릅쓴 것이다.

### 과학은 경고했고 정치는 반응을 보였다

그러나 로비스트들은 국제적으로 성공을 거두지 못했다. 1997년 국제적인 국가공동체가 최초의 기후보호협약인 '교토 의정서'를 체결했기 때문이다. 기후 문제를 둘러싼 싸움을 연구한 빌레펠트 대학의 지식기업연합 사회학자 페터 바인가르트Peter Weingart는 "과학은 경고를 했고 언론은 이 경고를 증폭시켰으며 정치는 반응을 보였다"라는 말로 이 과정을 압축했다. 하지만 많은 기업이 뒤늦게 기후보호 문제를 인정하고 지구기후연합에서 탈퇴한 바로 그 시점에 많은 과학자들이 파당적인 태도를 보이기 시작했다. 이들은 환경단체와 밀약을 맺기 시작했다. 이미 1997년 교토에서 유엔 기후위원회가 열리기 이전부터 환경단체와 기후 연구가들은 기업체와 정치권에 압력을 가하기 위해 공동 목표를 추구했다.

1997년 그린피스Greenpeace는 영국 연구가의 이름으로 영국《더 타임스The Times》지에 독자투고 형식의 호소문을 발송했다. 기후학자들은 그저 호소문에 서명만 하면 되었다. 다른 기후 연구가들은 1997년 10월 교토 회의에 즈음하여 수백 명의 동료들에게 세계자연보호기금의 이름으로 정치인들에게 보내는 이메일에 서명할 것을 촉구했다.

이런 계획은 논란을 빚었다. 독일 연구가들이 지체 없이 서명을 한데 비해 예컨대 유명한 미국의 고古기후학자 톰 위글리Tom Wigley는 이와는 다른 생각을 밝힌 것이다. 불법으로 유포된 이메일에 따르면 위글리는 1997년 11월 25일 동료에게 답신을 보내 그런 정치적 호소문은 기업체 연합의 기후 회의론자들의 로비활동과 다를 바 없이 "수치스러운" 것이라고 말했다. 개인적인 견해를 학술적인 사실과 뒤섞으면 안 된다는 것이 위글리의 생각이었다. 그의 이의 제기는 아무런 호응도 얻지 못했다.

그의 많은 동료들이 볼 때 환경로비 단체와 협력활동을 벌이는 것은 당연한 일이었다. 한 예로, 오스트레일리아와 영국의 기후 연구가들은 세계자연보호기금의 자료요청에 대해 답변서를 보내며 유난히 비관적인 진단 자료를 첨부했다. 이들은 1999년 7월 세계자연보호기금이 이메일을 보내 환경연맹의 경고를 좀 더 '강화'시키려고 한다는 데 대해 명시적인 이해를 표한 것이다. 또 포츠담 기후연구결과연구소PIK와 함부르크의 막스-플랑크 기상학연구소에 있는 독일 기후 연구가들도 2001년에 세계자연보호기금과 공동으로 성명서를 발표했다. 부퍼탈 기후환경에너지연구소Wuppertal-Institut Für Klima는 이런 문제에서 선두주자였다. 이들은 환경단체인 '독일 환경과 자연보호연맹BUND'과 공동으로 1990년대 중반, 기후보호 전략을 위해 추천장 제도를 개발했다.

이후 언론의 주도권을 확보하는 일이 양 진영의 주요 문제가 되었다. 언론은 기후 회의론자들에게 너무 많은 기회를 제공하고 있다고 비난을 받았다. 실제로 학술적으로 거의 뒷받침되지 않는 기후 회의론자들의 주장이 언론에 주기적으로 등장했다. 이런 주장은 때로 기자들에게 '정보 안내책자'를 보낸 석유회사 로비스트가 퍼트리기도 했다.

이와 같은 실태는 한편으로는 '균형보도Balanced reporting'를 특히 강조하는 미국 언론의 원칙 때문이기도 했다. 보도는 언제나 논란의 양쪽을 똑같이 다루어야 한다는 기계적인 태도 때문에 때로는 본질에서 벗어난 기후 회의론자의 주장이 근거가 확실한 학술적인 결과와 똑같은 비중으로 다루어지는 폐단이 벌어진 것이다.

미디어 연구가들은 기후 회의론자들의 주장이 확산된 두 번째 이유가 보도가치 때문이라고 생각한다. 재앙에 대한 경고의 근거가 명확할수록 그에 대한 비판적인 목소리는 흥미를 끈다는 것이다. 언론에 등장하는 기후 회의론자의 담론은 또 스캔들의 의문을 부각시킨다. 즉 기후 연구가들이 후원금을 노린 나머지 억측으로 재앙 시나리오에 접근하는 것이 아니냐는 의문이었다.

막스-플랑크 기상학연구소의 명망 높은 기후 연구가인 클라우스 하셀만Klaus Hasselmann은 1997년 세간의 주목을 끈 《차이트Zeit》지의 칼럼에서 이와 같은 비난을 일축했다. 하셀만은 일종의 간접 증거에 따른 재판을 가지고 기후 문제에 종사하는 사람들 대부분이 마치 범죄 혐의가 매우 짙은 것처럼 매도한다고 주장했다. 그는 "그렇다고 최후의 의혹을 극복할 때까지 기다린다면 행동의 시기를 놓칠 것이다"라는 말로 끝을 맺었다. 하셀만은 극적으로 과장된 것을 언론의 책임으로 돌렸다.

막스-플랑크 기상학연구소의 마르틴 클라우쎈Martin Claussen은 "많은 기자들이 정작 연구 성과의 불확실성에 대해서는 알려고 하지 않는다"라고 불만을 토로한다. 실제로 사회학자들은 언론에서 값을 올리는 '경매식 담론'이 있음을 확인했다. 말하자면 갈수록 기후 재앙을 어두워서 잘 보이지 않는 색깔로 칠한다는 것이다. 이와 달리 사회학자 페터 바인가르트는 과학자들을 비판한다. "과학자 특유의 과장된 주장을 하며 기후학자를 배제한다"는 것이다.

독일의 기후 보도를 분석한 율리히Jülich 연구센터의 사회학자 한스 페터 페터스Hans Peter Peters가 확인한 바로는 "미국에서는 논란이 점점 가열된 데 비해 독일에서는 이내 기후 회의론자들의 주장이 무시되었다." 지도적인 연구가들의 소통전략은 오랫동안 성공을 거둔 것으로 평가된다. 페터스는 "기후 문제의 선전은 언론에서 진지하게 다루어졌다"라고 말한다. 그는 심지어 "기후 변화의 보도에 대해서는 과학과 언론의 강력한 공동 조직이 구축되었다"라고 이야기하고 있다. 하지만 동시에 과학자들은 언론 보도가 마음에 들지 않을 때는 압력을 행사하려는 시도를 하기도 했다. 기후 경보의 절박성을 약화시키는 보도가 나간 뒤에는 독일 언론의 편집실로 어김없이 항의 서한이 발송되었다. 또 연구자들은 사전에 이 문제를 표결에 부치기까지 한 것으로 보인다.

문제의 이메일을 보면 기후 연구자의 항의가 기자 개개인을 겨냥했다는 증거가 드러난다. 예를 들어 2009년 10월 BBC 온라인판에 기후 연구의 성과를 비판하는 기사가 실리자 영국의 기후 연구자들은 10월 12일 내부적으로 이메일 토론을 거친 다음 우호적인 BBC 편집진에게 "어떻게 된 일인지" 확인하자는 결론을 내렸다. 독일에서도 기후 연구자들은 언론에 수많은 항의 편지를 보냈다. 사회학자들은 이런 시스템을 익히 꿰뚫고 있다. 우호적인 언론이 경력에 도움이 된다는 말이다. 예를 들면 샌디에이고 대학의 사회학자 데이비드 필립스David Philips는 대중매체의 주목을 받기 위한 싸움이 사회적인 후원을 모으기 위한 것일 뿐 아니라 학계 내부에서 더 인정을 받기 위한 성공전략에서 나온다고 지적했다.

전문가 세계 내부에서 많은 연구자들이 외부 비판세력을 대할 때 무분별한 방법을 사용하고 있음을 이 이메일은 보여준다. 기후 회의론자의 압력이 있을 때마다 과학자들은 일종의 원형방어진으로 벽을 쌓았다. 이들은 비판자들 때문에 갈팡질팡하는 모습을 보여주었다. 연구의 불확실성이 과장되지나 않을까 하는 불안감에서 이들은 의심스러운 요소를 가리려고 했다. 2000년 10월 4일 메일—스캔들의 중심에 있는 한 이메일에서 영국 이스트 앵글리어 대학의 유명한 기후학자 필 존스Phil Jones는 "회의론자들에게 아무것도 내어주지 않으면 그들이 무엇을 알겠는가?"라고 썼다.

때로 과학자들은 동료들로부터 잘못된 방향으로 이용된다는 지적을 받을 때도 있다. 예컨대 미국 국립 대기연구센터의 케빈 트렌버스는 1995년 유엔 기후위원회 제2차 회의에서 산유국의 영향력에 시달린 적이 있었다. 2001년 1월, 그는 앨라배마 대학에 있는 동료 존 크리스티John Christy에게 이메일을 보냈다. 그는 거기에서 유엔 기후보고서를 위한 제3차회의에서 사우디아라비아의 대표들이 크리스티의 연구를 칭찬했다며 불평을 털어놓았다. 크리스티는 이에 대해 "입에 재갈을 물리는 규정은 없지 않느냐"라고 답변했다.

펜실베이니아 대학의 고기후학자 마이클 만Michael Mann은 1998년 9월 17일 동료들에게 이메일로 다짐을 받으려고 했다. 전문가 공동체는 "장기적으로 효과적인 전략"을 개발하기 위해 "단일 전선을 형성해야 한다"는 내용이었다.

고기후학자들은 과거의 기후를 재구성한다. 이들의 주요 자료원은 오래된 나무의 줄기이다. 이런 나무의 나이테는 과거의 날씨에 대한 설명이 될 수 있다. 이 자료원이 극히 불확실하다는 사실을 연구자 자신보다 더 잘 아는 사람은 없다. 고기후학자들은 이메일을 주고받으며 이런 문제를 상세하게 토론했다. 불확실성에도 불구하고 고기후학자들은 자료를 면밀하게 분석한 다음 쓸 만한 기후 재구성표를 완성한다. 문제는 어떤 자료를 대입했느냐에 따라 다양한 기온 곡선이 나타난다는 점이다.

**북반구의 기온을 나타내고 있는 하키스틱 곡선**

마이클 만 팀은 이 분야의 선구자로서 지난 1000년간 북반구 전체의 기온 곡선을 최초로 만들어냈다. 위대한 업적인 것만은 틀림없다. 곡선의 형태 때문에 이 기온 곡선은 '하키스틱 곡선

Hockeyschläger'이라고도 불린다. 이에 따르면 기후는 850년간 거의 변함이 없다가(스틱의 축) 이후 급속히 더워졌다(스틱의 휜 부분). 하지만 시간이 지나면서 이 곡선에 착오가 있음이 드러났다.

1999년 영국의 연구가 케이스 브리파Keith Briffa와 앞에서 언급한 필 존스가 두 번째로 기온 곡선을 만들었다. 존스는 이스트 앵글리아 대학의 기후 연구단CRU 책임자이다. 2001년 유엔의 기후보고서에서 정치가들을 위한 요약본에 어떤 곡선을 전면에 내세우느냐를 놓고 이 두 집단 사이에 싸움이 벌어졌다. 하키스틱 곡선은 확실한 형태가 도움이 되었다. 지난 150년 동안에 유일하게 기온 상승이 있었다는 것은 기후에 대한 인간의 영향을 입증하는 것이었기 때문이다. 그러나 브리파는 하키스틱에 대한 과대 평가를 경고했다. 그는 1999년 9월 동료들에게 보내는 편지에서 만의 곡선은 비록 "기온의 매끄러운 역사를 말하는 데"는 도움이 될지 모르지만 "정확한 것"으로 보아서는 안 된다고 썼다. 하키스틱과 달리 그의 곡선은 중세 전성기의 고온 시기를 보여주었다. 그는 "현재의 기온이 1000년 전의 기온과 유사하다"라는 결론을 내렸다.

양측의 싸움은 공동의 적에 대응할 일이 발생하자 곧 조정되었다. 기후 회의론자들이 기후에 대한 인간의 영향을 인정하지 않을 목적으로 브리파의 곡선을 이용했기 때문이다. 회의론자들의 주장은 배출가스가 없는 중세에 오늘날과 같이 기온이 올라갔다면 인간의 이산화탄소 방출과 기온 상승은 아무 관계가 없는 것이 아니라는 논리였다. 만은 동료들에게 "그들에게 먹잇감을 주고 싶지 않다"라고 썼다. 그의 하키스틱 곡선이 2001년 유엔 기후보고서에서 전면에 등장함으로써 만은 성공을 거두었다. 이 곡선은 보고서의 간판 역할을 했다.

확실한 곡선으로 유지되기 위해서는 연구자들의 후원이 어느 정도는 필요했다. 잘 알려진 '기후게이트'의 이메일에서 필 존스는 "기후 하강을 감추기 위해" 자신이 만의 '트릭Trick'을 적용했다고 썼다. 원문에서 표현한 "기후 하강을 감추기 위해서to hide the decline"라는 말은 이 스캔들에서 노래의 후렴처럼 되풀이 부각되었다. 미국의 공화당 정치인들은 기후 연구의 신뢰를 떨어트리기 위해 이 구절을 남용했다. 하지만 속임수처럼 보이는 이 구절은 이후 임시방편으로 표현된 것임이 밝혀졌다.

나이테의 자료는 20세기 중반 이후 기온 상승의 흔적을 보여주지 않아 기온 측정과 일치되지 않았기 때문이다. 명백히 잘못된 이 나무 자료는 일상 구어체로 표현된 '트릭'의 수단으로 기온 곡선에서 삭제했다는 뜻이었다(책략, 계책, 속임수, 장난이라는 다양한 의미가 있는 '트릭'의 의미를 필 존스는 '현명한 조처'라는 일상적인 의미였다고 해명했다). 물론 나이테 문제는 이것으로 해결되지 않았다. 고기후학자들은 왜 측정한 기온과 나무 자료가 일치하지 않는지 설명하려고 했다.

연구자들의 이메일 교환에서 드러난 것처럼 싸움은 갈수록 더욱 첨예화되었다. 1990년대 말 다수의 기후 회의론자들이 존스와 만에게 나이테 자료와 계산 모형을 내놓으라고 본격적으로 요구했다. 두 사람은 이에 대해 학술자료의 법적인 자유를 내세우며 거절했다. 실제로 이 분야의 전공과 거리가 먼 학자인 스티븐 매킨타이어Stephen McIntyre와 로스 매키트릭Ross McKitrick은 이 자료를 가지고 이내 하키스틱 곡선의 체계적인 과오를 입증할 수 있었다.

마이클 만이 볼 때는 그가 2009년 9월 30일 이메일에서 단적으로 표현한 대로 그와 같은 비판은 "잘 조율된 캠페인"과 다름없는 것이었다. 그와 동료들은 이메일에서 기후 회의론자들을 '적들'이라고 지칭했는데, 그들은 갈수록 이 '적들에게' 완강하게 자료를 넘기기를 거부했다. 존스는 자료를 적들에게 내어주느니 차라리 없애버리겠다고 2005년 2월 2일의 이메일에서 쓰고 있다. 이후 만은 자신의 대학 당국에서 이메일을 검사했지만 자신은 결코 자료를 통제한 적이 없다면서 스스로를 옹호했다.

하지만 영국 의회의 조사위원회는 다르게 판단했다. 서신 교환을 보면 "자료를 다른 사람에게 배부하기를 노골적으로 거부"하는 태도가 드러난다는 것이다. 사회학자들은 "회복할 수 없는 상처를 입을 수도 있다"고 생각한다. 사회학자 페터 바인가르트는 "신뢰를 잃는 것이야말로 과학에서 핵심적인 소통의 위기"라고 말한다. 타협의 여지가 없는 투명성만이 신뢰를 회복하는 길이라는 것이다.

연구자들 사이에서는 갈수록 적대적인 고정관념이 생겼다. 이들은 누구를 믿을 수 있을 것인지, 누가 자신의 '팀원'인지, 그리고 도

대체 누가 정체를 숨기는 회의론자인지를 두고 논란을 벌였다. 양 진영을 넘나들며 접촉을 하는 사람은 의심을 받았다. 이와 같은 불신이 정실 인사를 조장한다는 것을 이메일은 보여준다.

이메일을 보면 존스와 만은 유난히 전문지에 영향력을 행사하려고 했다. 연구물은 발표 전에 익명의 동료에게 사전 심사를 받는 게 원칙이다. 만은—매우 인기 있는 심사원으로서—고기후학 주제에서 학술지의 '문지기' 노릇을 했으며 오래전부터 은밀히 연구자를 감시했다고 한다. 유명한 학자가 전문지에서 영향력을 행사한다는 것은 익히 알려진 일이지만 여기에는 위험이 따른다. 바인가르트는 "자신의 공로로 얻은 명성이 불법적인 권력으로 변할 가능성이 과학의 최대 위험요소"라고 설명한다. 만은 지나친 영향력을 행사한다는 비난에 반박하고 나섰다. 심사위원을 선정하는 것은 편집진에서 하는 일이지 자신이 아니라는 것이다. 그럼에도 고기후학처럼 전문가의 수가 빤한 특수 분야에서는 과학자가 지나친 권력을 휘두를 수 있다는 것이 바인가르트의 지적이다. 그러기 위해서 해당 잡지의 발행인과 우호적인 관계가 전제됨은 물론이다.

만과 존스 중심의 연구진이 스스로 이름붙인 이 '하키 팀Hockey Team'이 전문지와 우호적인 관계를 맺었다는 데는 의심의 여지가 없다. 이들은 심사를 하며 동료들끼리 협의를 했다. 기후 연구단 단장인 존스는 2004년 3월에 만에게 보내는 메일에서 "기후 연구단이 시베리아의 자료를 오인했다고 말한 사람들의 연구물을 거절했다"라고 썼다. 문제가 된 자료는 기후 곡선의 기초가 된 것으로 분명히 시베리아의 나무에서 얻은 것이었다. 이후 존스의 기후 연구단 연구진이 시베리아 자료를 실제로 잘못 해석했다는 것이 밝혀졌다. 결국 2004년 3월 존스에게 거부당한 연구물의 저자들의 자료가 옳았던 것이다.

하지만 또 다른 경우에는 존스와 만이 다수의 학자를 아군으로 끌어들이기도 했다. 2003년 기후 전문지 《Climate Research》에 현재의 온난 단계를 1000년 전 중세의 온난기와 비교하는 연구물이 실렸다. 기후 회의론자들은 이 논문에 반색을 표했다. 하지만 다른 전문가들은 이 논문에 방법론적으로 결함이 있다는 태도를 보였다. 그렇다면 어떻게 심사원들에게 받아들여졌단 말인가? 마이클 만은 2003년 3월 11일에 보낸 이메일에서 "회의론자들이 이 잡지를 장악한 것이다"라고 추정했다. 이후 하키 팀은 《Climate Research》지를 강타하는 반격을 가했고, 이 때문에 편집인이 여러 명 자리를 내놓았다. 회의론자들에게는 이런 형태의 영향력이 없다. 경보를 알리는 기후 연구에 결함이 있다는 사실이 알려질 때 비슷한 조치가 취해졌다는 이야기는 들은 바 없다.

하지만 존스와 만의 영향력에도 한계가 있다는 것은 2005년 하키 곡선을 심하게 비판하던 로스 매키트릭Ross McKitrick과 스티븐 매킨타이어Stephen McIntyre가 비중이 큰 지질학 전문지 《Geophysical Research Letters(GRL)》에 논문을 게재했을 때 드러났다. 만은 "적들이 GRL에 접근한 것으로 보인다. GRL을 잃어버릴 수는 없다"라고 동료들에게 메일을 보냈다. 만은 편집진 한 사람이 막강한 실력자인 기후회의론자 패트릭 마이클스Patrick Michaels와 같은 대학에 근무하면서 한 패가 되었다는 사실을 알고는 2005년 1월 20일 이렇게 메일에 썼다. "이제 우리는 회의론자들의 다양한 연구물이 어떻게 GRL에 발표될 수 있었는지 알게 되었다." 즉시 어떻게 하면 GRL의 편집인을 — 기후 연구가인 제임스 사이어스 James E Saiers—제거할 수 있을지 토론이 벌어졌다. 실제로 사이어스는 1년 뒤에 표면상 '자발적인 의사로' 편집인 자리에서 물러났다. 만은 홀가분한 기분으로 하키 팀에게 "GRL의 빈틈은 메워진 것으로 보인다"라는 메일을 보냈다.

기후게이트는 과학 시스템이 갈수록 동맹 관계를 형성한다는 비판을 확인시켜 주었다. 그러나 사회학자 페터스는 이 사건에 지나친 해석은 삼가야 한다고 주장한다. 모든 과학 영역에서는 통상적으로 동맹 관계가 만들어진다는 것이다. "어느 집단이든 내부 소통을 겉으로만 보면 안 된다." 바인가르트도 "한 집단의 내부세계를 외부의 잣대로 재어서는 안 된다"라고 말한다. 과학의 기초는 논쟁에서 다져지는 것이며 이 논쟁에서 "자기 진영 보호와 개인 간의 갈등은 불가피하다"는 것이다. 다만 기후 연구의 진영 형성은 전체적으로 볼 때 비정상적이라는 말이다. 바인가르트는 정치와 밀착함으로써 기후 연구의 진영 간 싸움이 격화되었다고 말한다.

과학자들이 사회적으로 큰 주목을 받기는 쉬운 일이 아니다. 라몽-도허티 지구관측소Lamont-Doherty Earth Observatory의 유명한 고기후학자인 에드워드 쿡Edward Cook은 2001년 5월 2일에 발송한 이메일에서 "기후 연구는 과학 연구를 어렵게 할 정도로 정치화 되었다"라고 썼다. 또 유엔 기후보고서에 제출하는 자료 요약의 의무가 문제를 더 민감하게 만든 것으로 보인다. 영국의 케이스 브리파는 한 메일에서 "나는 유엔 기후위원회와 과학자들의 요구 사이에서 균형을 잡으려고 노력했지만 이것이 늘 쉬운 일은 아니었다"라고 썼다. 막스-플랑크 연구소 연구원인 마르틴 클라우센은 정치권의 요구를 올바로 평가하려는 노력에서 합의를 지나치게 중시하는 경향이 있다는 점을 인정한다.

**기후 연구는 점점 정치화 되고 있다**

과학자들에게조차 순수한 진실이 언제나 중요한 것은 아니다. 바인가르트는 공개적인 논쟁은 대개 "표피적인 진상 규명에만" 기여할 뿐이라고 설명한다. 이보다 더 중요한 것은 "전반적인 사회의 동의를 얻어내 갈등을 조정하고 끝내는 일"이라는 것이다. 그러자면 명확한 성과를 보여주는 것이 아주 중요하다. 하지만 기후 연구에서 결정적인 증거를 제시할 가망은 없어 보인다.

과학철학자 실비오 펀토비츠Silvio Funtowicz는 이미 1990년에 이런 난관을 예상했다. 그는 기후 연구가 '탈정상과학(Post-Normal Science, 과학철학자 실비오 펀토비츠와 제롬 라베츠Jerome Ravetz가 정의한 개념으로 "사실이 불확실하고 가치가 논란 중에 있으며 위험성이 높고 긴급한 결정을 요하는 연구에 적합한" 과학을 뜻함—옮긴이)'에 속한다고 보았다. 기후 연구는 복잡성 때문에 커다란 불확실성을 안고 있으며 동시에 위험 가능성이 높은 문제를 다뤄야 한다는 말이다. 따라서 전문가들이 안고 있는 어려움은 올바른 정보를 전달할 기회가 거의 없다는 점이다. 경고를 중단하면 의무감이 결여되었다는 비난이 쏟아진다. 하지만 경보성 예고를 하면 얼마 후 다른 변화가 드러나자마자 비판을 받는다. 기후학에서는 장기적인 관점에서, 그리고 연구에 진전이 이루어짐에 따라 연구 성과의 불확실성이 늘 남아 있다. 바인가르트는 이제 문제는 "과학자와 사회가 이 문제를 극복하는 방법을 찾아내는가"에 달려 있다고 말한다. 누구보다 정치인들이 단순한 결과란 없다는 사실을 깨달아야 한다. "단순한 대답을 약속하는 과학자의 말에 정치인은 더 이상 귀를 기울이면 안 된다."

기후 문제를 둘러싸고 아직도 많은 논란이 있기는 하지만 한 가지 분명한 사실은 중부 유럽에서도 날씨가 더워졌고 새로운 기후가 모습을 드러냈다는 것이다. 날씨에 대한 많은 편견은 이제 수정되어야 한다.

|참고문헌|


나는 이 책에서 최근의 과학 지식 수준에 따라 현상을 설명하려고 노력했다. 근본적인 연구는 여기 제시한 자료에서 찾아보기를 바란다.

**1장 마른하늘에서 떨어진 얼음 폭탄**

Bosch, X.: 「Great Balls of Ice」, Science 297 (2002), S.765.

Cerveny, R., Knight, C., Knight, N.:「Strange Tales of HAIL」, Weatherwise 58 (2005), S.28-34.

Martínez-Frías, J.:「Megacryometeors:Distribution on Earth and Current Research」, Royal Swedish Academy of Sciences 35.6 (2006), S.314-316.

Rull, F., Delgado, A., Martínez-Frías, J.:「Micro-Roman spectroscopic study of extremely large atmospheric ice conglomerations (megacryometeors)」, Philosophical Transactions of the Royal Society A:Mathematical, Physical and Engineering Science 368 (2010), S.3145.


**2장 원형 얼음의 비밀**

Granin, N. G.:「The ringed Baikal」, Science First Hand 2/23 (2009), S.26-27.

Granin N. G. et al.:「The Deep water gas seeps in Lake Baikal」, 9th International Conference on Gas in Marine Sediments, Universitaet Bremen, 15-19. September 2008.

Hachikubo, A. et al.:「Model of formation of double structure gas hydrates in Lake Baikal based on isotopic data」, Geophysical Research Letters 36 (2009), L18504.

## 3장 이틀간 비, 그리고 월요일

Bäumer, D., Vogel, B.:「An unexpected pattern of distinct weekly periodicities in climatological variables in Germany」, Geophysical Research Letters 34 (2007), L03819.

Bennartz, R. et al.:「Pollution from China increases cloud droplet number, suppresses rain over the East China Sea」, Geophysical Research Letters 38 (2011), L09704.

Choi, Y.-S. et al.:「Long–term variation in midweek/weekend cloudiness difference during summer in Korea」, Atmospheric Environment 42 (2008), S. 6726-6732.

Georgoulias, A. K., Kourtidis, K. A.:「On the aerosol weekly cycle spatiotemporal variability over Europe」, Atmospheric Chemistry and Physics Discussions 11 (2011), S.4611-4632.

Hendricks Franssen, H. J.:「Comment on 'An unexpected pattern of distinct weekly periodicities in climatological variables in Germany' by Dominique Bäumer and Bernhard Vogel」, Geophysical Research Letters 35 (2008), L05802.

Kim, K.-Y. et al.:「Weekend effect:Anthropogenic or natural?」, Geophysical Research Letters 37 (2010), L09808.

Laux, P., Kunstmann, H.:「Detection of regional weekly weather cycles across Europe」, Environmental Research Letters 3 (2008), 044005.

Li, F.:「Long-term impacts of aerosols on the vertical development of clouds and precipitation」, Nature Geoscience, 2011.

de F. Forster Piers, M., Solomon, S.:「Observations of a 'weekend effect' in diurnal temperature range」, PNAS 100, 20 (2003), S.11225-11230.

Sanchez-Lorenzo, A. et al.:「Assessing large-scale weekly weather cycles:a review」, noch nicht veröffentlicht.

Sanchez-Lorenzo, A. et al.:「Winter 'weekend effect' in southern Europe and its connections with periodicities in atmospheric dynamics」, Geophysical Research Letters 35 (2008), L15711.

Stjern, C. W., Stohl, A., Kristjánsson, J. E.:「Have aesrosols affected trends in visibility and precipitation in Europe?」, Journal of Geophysical Research 116 (2011), D02212.


## 4장 날씨와 정복자

Behringer W.:*Kulturgeschichte des Klmas: Von der Eiszeit bis zur globalen Erwärmung*, München 2010.

Büntgen, U. et al.:「2500 Years of European Climate Variability and Human Susceptibility」, Science, 2010.

Subt, C. et al.:「Cosmic Catastrophe in the Gulf of Carpentaria」, AGU Fall Meeting 2010.


## 5장 북극해의 얼음 폭풍

Blechschmidt, A.-M.:「A 2-year climatology of polar low events over the Nordic Seas from satellite remote sensing」, Geophysical Research Letters 35 (2008), L09815.

Kolstad, E.:*Extreme winds in the Nordic Seas:polar lows and Arctic fronts in a changing climate*, Dissertation, Universitaet Bergen, Norwegen, 2007.

Zahn, M., von Storch, H.:「Decreased frequency of North Atlantic polar lows associated with future climate warming」, Nature 467 (2010), S.309-312.

## 6장 바다는 왜 따뜻해지지 않는 것일까

Garzoli, S. L. et al.:「Progressing towards global sustained deep ocean observation」, In:OceanObso9:Sustained Ocean Observations and Information for Society, 2, European Space Agency Publication, 2010.

Katsman, C. A., van Oldenborgh, G. J.:「Tracing the upper ocean's 'missing heat'」, Geophysical Research Letters 38 (2011), L14610.

Knox, R. S., Douglass, D. H.:「Recent energy balance of Earth」, International Journal of Geosciences 1, 3 (November 2010).

Levitus, S.:「Warming of the World ocean」, Science 287 (2000), S.2225-2229.

Lyman, J. et al.:「Robust warming of the global upper ocean」, Nature 465 (2010), S.334.

Meehl, G. et al.:「Model-based evidence of deep-ocean heat uptake during surface-temperature hiatus periods」, Nature Climate Change 1 (2011), S.360-364.

Palmer, D. et a;.:「Importance of the deep ocean for estimating decadal changes in Earth's radiation balance」, Geophysical Research Letters 38 (2011).

von Schuckmann, K., Gaillard, F., Le Traon, P.-Y.:「Global hydrographic variability patterns during 2003-2008」, Journal of Geophysical Research 114 (2009), C09007.

Trenberth, K.E.:「The ocean is warming, isn't it?」, Nature 465, 304 (2010).

Trenberth, K.E., Fasullo, J. T.:「Tracking earth's energy」, Science 328 (2010), S.316-317.

### 7장 대서양의 메가급 침강류

Biastoch, A. et al.:「Causes of Interannual-Decadal Variability in the Merdional Overturning Circulation of the Midlatitude North Atlantic Ocean」, Journal of Climate 21 (2008), S.6599-6615.

Bryden, H. et al.:「Slowing of the Atlantic meridional overturning circulation at 25°N」, Nature 438 (2005), S.655-657.

Gyory, J. et al.:「Surface Ocean Currents:The Gulf Stream」, Cooperative Insitute for Marine and Atmospheric Studies, Universitaet von Miami, 2000.

Josey, S. et al.:「Estimates of meridional overturning circulation variability in the North Atlantic from surface density flux fields」, Journal of Geophysical Research 114, C9 (2009).

Kanzow, T. et al.:「Seasonal Variability of the Atlantic Meridional Overturning Circulation at 26,5°N」, Journal of Climate 23, 21 (2010), S.5678-5698.

Medhaug, H. R. et al.:「Mechanisms for decadal scale variability in a simulated Atlantic meridional overturing circulation」, Climate Dynamics, 2011.

Lozier, M. S. et al.:「Opposing decadal changes for the North Atlantic meridional overturning circulation」, Nature Geoscience 3, 10 (2010), S.728-734.

Stommel, H.:「The westward intensification of wind-driven ocean currents」, Transactions of the American Goephysical Union 29 (1948), S.202-206.

Willis, J. K.:「Can in situ floats and satellite altimeters detect long-term changes in Atlantic Ocean overturning?」, Geophysical Research Letters 37 (2010), L06602.

### 8장 태평양의 거대한 물 언덕

Albertella, A. et al.:「GOCE–The Earth Field by Space Gradiometry」, Celestial Mechanics and Dynamical Astronomy 83 (2002), S.1-15.

Boening, C. et al.:「A record-high ocen bottom pressure in the South Pacific observed by GRACE」, Geophysical Research Letters 38 (2011), L04602.

Drinkwater, M. et al.:「GOCE:Obtaining a Portrait of Earth's Most Intimate Features」, ESA Bulletin 133 (2008), S.4-13.

Fehringer, M. et al.:「A Jewl in ESA's Crown–GOCE and its Gravity Measurement Systems」, ESA Bulletin 133 (2008), S.14-23.

Johannessen, J. et al.:「The European Gravity Field and Steady-State Ocean Circulation Explorer Satellite Mission:Impact in Geophysics」, Surveys in Geophysics 24, 4 (2003), S.339-386.

### 9장 환상의 섬

Johnson, D.:*Fata Morgana der Meere*, München 1999.

Stommel, H.:*Lost Islands:The Story of Islands That Have Vanished from Nautical Charts*, University of British Columbia Press, 1984.

### 10장 바다에서 불사조처럼

Bryan, S. E.:「Preliminary Report:Field Investigation of Home Reef volacano and Unnamed Seamount 0403-091」, Unpublished Report for the Ministry of Lands, Survey Natural Resources and Environment, Tonga 2007, S.9.

Bulletin of Global Volcanism Network 31, 9 (2006).

Friðrisson, S., Magnússon, B.:「Colonization of the Land」, The Surtsey Research Society, www.surtsey.is/pp_ens/biola_1.htm.

Thornton, I., New.:*Island Colonization:The Origin and Development of Island Communities*, Cambridge University Press, 2007, S.178.

Vaughan, R. et a;.:「Satellite observations of new volcanic island in Tonga」, Eos 88, 4 (2007).

www.ulb.ac.be/sciences/cvl/homereef/homereef.html.

### 11장 해조류가 구름을 만든다

Krüger, O., Grassl, H.:「Southern Ocean phytoplankton increases clould albedo and reduces precipitation」, Geophysical Research Letters 38 (2011), L08809.

Lana, A. et al.:「An updated climatology of surface dimethylsulfide concentrations and emission fluxes in the global ocean」, Global Biogeochemical Cycles 25 (2011), GB1004.

Woodhouse, M. et al.:「Low sensitivity of cloud condensation」, Atmospheric Chemistry and Physics 10 (2010), S.3717-3754.

### 12장 사하라 사막의 거름 효과

Ben-Ami, Y.:「Transport of Saharan dust from the Bodélé Depression to the Amazon Basin:a case study」, Atmospheric Chemistry and Physics Discussion 10 (2010), S.4345-4372.

Bristow, C. S., Hudson-Edwards, K. A., Chappell, A.:「Fertilizing the Amazon and equatorial Atlantic with West African dust」, Geophysical Research Letters 37 (2010), L14807.

Bristow, C. S., Drake, N., Armitage, A.:「Deflation in the dustiest place on

Earth:The Bodélé Depression, Chad」, Geomorphology 105, 1-2 (1. April 2009), S.50-58.

Gorbushina, A.:「Life in Darwin's dust:intercontinental transport and survival of microbes in nineteenth century」, Environmental Microbiology 9, 12 (2007), S.2911-2922.

Washington, R., Todd, M. C.:「Atmospheric controls on mineral dust emission from the Bodélé Depression, Chad. The role of the low level jet」, Geophysical Research Letters 32 (2005), L17701.

### 13장 델포이의 가스

de Boer, J. Z. et al.:「New Evidence for the Geological Origins of the Ancient Delphic Oracle」, Geology 29.8 (2001), S.707-711.

de Boer, J. Z. et al.:「The Delphic Oracle:A Multidisciplinary Defense of the Gaseous Vent Theory」, Clinical Toxicology 40.2 (2000), S.189-196.

Etiope, G. et al.:「The geological links of the ancient Delphic Oracle (Greece):a reappraisal of natural gas occurrence and origin」, Geology 34 (2006), S.821-824.

Piccardi, L.:「Active faulting at Delphi:seismotectonic remarks and a hypothesis for the geological environment of a myth」, Geology 28 (2000), S.651-654.

### 14장 아틀란티스

「The Atlantis Hypothesis, Searching for a lost land」, Milos Conference 2005, Griechenland.

*Platons Werke,* Übersetzung und Kommentar, Band Ⅷ 4: *kritias.* übersetzung und kommentar von Heinz-Günther Nesselrath, Göttingen 2006.

Landerson, J., Schall, S.:「Schae planet」, Historic Meetings (1982).

## 15장 살아서 움직이는 바위의 비밀

Kletetschka, G. et al.:「Rock Levitation by Water and Ice;an Explanation for Trails un Racertrack Playa, California」, American Geophysical Union, Fall Meeting 2010, abstract EP21A-0743.

Lorenz, R., Jackson, B., Hayes, A.:「Racetrack and Bonnie Claire:Southwestern US Playa Lakes as Analogs for Ontario Lacus, Titan」, Planetary and Space Science 58 (2010), S.723-731.

Lorenz, R.et al.:「Ice rafts not sails:Floating the rocks at Racetrack Playa」, American Journal of Physics 79, 1 (2011), S.37-42.

Messina, P.:「Case Study:Using GIS and GPS to map the Sliding Rocks of Racetrack Playa」, In:Clarke, K. C.:*Getting Srarted with Geographic Information Systems, Fourth Edition*, Prentice Hall 2002.

Messina, P., Stoffer, P., Clarke, K. C.:「Mapping Death Valley's Wandering Rocks」, GPS World (1997), S.34-44.

Reid, J. B. et al.:「Sliding rocks at Racetrack, Death Valley:What makes them move?」, Geology 23, 9 (1995), S.819-822.

Sharp, R. P. et al.:「Sliding rocks at the Racetrack, Death Valley: what makes them move? Discussion and Reply」, Geology 25, S.766-767.

Sharp, R. P., Carey, D. L.:「Sliding stones, Racetrack Playa, California」, Bulletin of the Geological Society of America 87, 12 (1976), S.1704-1717.

Shelton, J. S.:「Can Wind Move Rocks on Racetrack Playa?」, The American Association for the Advancement of Science, 117 (1953), S.438-439.

Stanley, G. M.:「Origin of playa stone tracks, Racetrack Playa, Inyo

County, California」, Bulletin of the Geological Society of America 66, 11 (1955), S.1329-1350.

## 16장 베일 속에 가려진 굉음

Hill, D. P.:「What is that Mysterious Booming Sound?」, Seismological Research Letters 82 (2011), S.619-622.

Hill, D. P. et al.:「Earthquake sounds generated by body-wave ground motion」, Bulletin of the Seismological Society of America 66 (1976), S.1159-1172.

Kitov, I. O. et al.:「An analysis of seismic and acoustic signals measured from a series of atmospheric and near-surface explosions」, Bulletin of the Seismological Society of America 87 (1997), S.1553-1562.

St-Laurent, F.:「The Saguenay, Québec, earthquake lights of November 1988-January 1989」, Seismological Research Letters 71 (2000), S. 160-174.

Stiermann, D. J.:「Earthquake sounds and animal cues;some field observations」, Bulletin of the Seismological Society of America (1980), S. 639-643.

Tosi, P. et al.:「Spatial patterns of earthquake sounds and seismic source geometry」, Geophysical Research Letters (2000), S. 2749-2752.

Tsukuda, T.:「Sizes and some features of luminous sources associated with the 1995 Hyogo ken Nanbu earthquake」, Journal of Physics of the Earth (1997), S.73-82.

Wheeler, R. et al.:「Earthquake Booms, Seneca Guns, and Other Sounds」, USGS 2011.

Wurham, G.:「High-Quality Seismic Observations of Sonic Booms」, AGU Fall Meeting 2011.

## 17장 태고의 기록

Fortey, R.:*Trilobite. Eyewitness to Evolution*, London 2001.

Gould, S.J.:*Wonderful Life. Burgess Shale and the Nature of History*, London 1990.

Gould, S. J., Morris, S.C.:「Debating the significance of the Burgess Shale:Simon Conway Morris and Stephen Jay Gould. Showdown on the Burgess Shale」, Natural History Magazine 107, 10, S.48-55.

Morris, S. C.:「*The Crucible of Creation. The Burgess Shale and the Rise of Animals*」, Oxford University Press, Oxford 1998.

## 18장 독일의 무게는 2경 8000조 톤

Behm, M.:「Application of stacking and inversion techniques to three-dimensional wide-angle reflection and refraction seismic data of the Eastern Alps」, Geophysical Journal International 170, 1 (2007), S.275-298.

Castellarin, A. et al.:「The TRANSALP seismic profile and the CROP 1A sub-project Il profilo sismico TRANSALP e il sottoprogetto CROP 1A」, Mem. Descr. Carta Geol. d'It.,LXII (2003), S. 107-126.

Franke, W. et al.:「Orogenic processes:quantification and modelling in the Variscan belt」, Geological Society, London, Special Publications 2000, 179, S.1-3

## 19장 대륙이동설의 발견

McCarthy, D.:「Geophysical explanation for the disparity in spreading rates between the Northern and Southern hemispheres」, Journal of Geophysical Research 112 (2007), B03410.

## 20장 보름달, 보름달, 지진?

Bak, P.:*How Nature Works:The Science of Self-organised Criticality*, Oxford University Press, Oxford 1997.

Bilham R.:「Why we cannot predict earthquakes」, Nature 463 (2010), S.735.

Evans, R.:「Assessment of schemes for earthquake prediction:editor's introdoction」, Geophysical Journal International 131 (1997), S.413-420.

Geller, R. J.:「Shake-up time for Japanese seismology」, Nature 472 (2011), S.407-409.

Geller, R. J.:「Earthquake prediction:a critical review」, Geophysical Journal International 131 (1997), S.425-450.

, Jordan, T. H.:「Is the study of earthquakes basic acience?」, Seismological Research Letters 68 (1997), S.259-261.

Sneider, R., van Eck, T.:「Earthquake prediction:a political problem?」, Geologische Rundschau 86 (1997), S.446-463.

## 21장 하이청의 기적

Wang, K. et al.:「Predicting the 1975 Haicheng Earthquake」, Bulletin of the Seismological Society of America 96 (Juni 2006), S.757-795.

## 22장 라인 강변의 굉음

Grünthal, G., Wahlström, R., Stromeyer, D.:「The unified catalogue of earthquakes in central, northern, and northwestern Europe (CENEC)– updated and expanded to the last mullennium」, Journal of Seismology 13, 4 (2009), S.517-541.

Tyagunov, S. et al.:「Seismic risk mapping for Germany」, Natural Hazards and Earth System Sciences (NHESS) 6, 4 (2006), S.573-586.

### 23장 인간이 지진을 부른다

Cappa, F., Rutqvist, J.:「Impact of $CO_2$ geolofical sequestration on the nucleation of earthquakes」, Geophysical Research Letters 38 (2011), L17313.

Klose, C.:「Evidence for Surface Loading as Trigger Mechanism of the 2008 Wenchuan Earthquake」, Environmental Earth Sciences 2011.

Klose, C.:「Human-triggered Earthquakes and Their Impacts on Human Security」, In:Liotta, P. H. et al. (Hrsg.), NATO Science for Peace and Security Series–E:Human and Social Dynamics 69 (2010), S.13-19.

Klose, C.:「Geomechanical modeling of the nucleation process of Australia's 1989 M5.6 Newcastle earthquake」, Earth and Planetary Science Letters 256, 3-4 (30. April 2007), S.547-553.

Klose, C.:「Mine Water Discharge and Flooding:A Cause of Severe Earthquakes」, Mine Water and Environment 26, 3 (2007), S.172-180.

Seeber, N.:「Mechanical Pollution」, Seismological Research Letters 73, 3 (Mai/Juni 2002), S.315-317.

### 24장 산이 호수에 빠지다

Genevois, R., Ghirotti, M.:「The 1963 Vaiont Landslide」, Giornale di Geologia Applicata 1 (2005), S. 41-52.

Paolini, M., Vacis, G.:*Der fliegende See, Chronik einer angekündigten Katastrophe*, München 1998.

Veveakis, E., Vardoulakis, I., di Toro, G.:「Thermoporomechanics of creeping landslides:The 1963 Vaiont slide, northern Italy」, Journal of Geophysical Research 112 (2007), F03026.

## 25장 유럽의 대재앙

Arp, G. et al.:「New evidence for impact-induced hydrothermal activity in the miocene ries impact crater, germany」, Fragile Earth:Geological Processes from Global to Local Scale and Associated Hazards, München, September 2011.

Buchner, E. et al.:「Establishing a 14.6±0.2 Ma age for the Nördlinger Ries impact (Germany)–A prime example for concordant isotopic ages from various dating materials」, Meteoritics & Planetary Science 45, 4 (2010), S.662-674.

Sturm, S. et al.:「Distribution of megablocks in the Ries crater, Germany:Remote sensing and field analysis」, EGU General Assembly 2010, 2.-7. Mai 2010 in Wien, Österreich, S.5212.

Willmes, M,. et al.:「Detection of Subsurface Megablocks in the Ries Crater, Germanny:Results from a Field Campaign and Remote Sensing Analysis」, 25.-27. Juni 2010 in Nördlingen, LPI Contribution 1559, S.41.

Wünnemann, K., Artemieva, N. A., Collins, G. S.:「Modeling the Ries Impact:The Role of Water and Porosity for Crater Formation and Ejecta Deposition」, 25.-27. Juni 2010 in Nördlingen, LPI Contribution 1559, S.42.

## 26장 독일 지하의 마그마

Baales, M.:「Impact of the Late Glacial Eruption of the Laacher See Volcano, Central Rhineland, Germany」, Quaterny research 58 (2002), S.273-288.

Schmincke, H.-U.:*Vulkane der Eifel,* Heidelberg 2009.

## 27장 지옥 불에 바늘을 찌르다

Elders, W. A. et al.:「The Iceland Deep Drilling Project (IDDP):(I) Drilling at Krafla encountered Rhyolitic Magma」, American Geophysical Union, Fall Meeting 2009, abstract OS13A-1166.

de Natale, G.:「The Campi Flegrei Deep Drilling Project」, Scientific Drilling 4 (März 2007).

de Natale, G.:「The Campi Flegrei caldera:unrest mechanisms and hazards」, Geological Society, London, Special Publications 2006, 269, S.25-45.

Stolper, E.:「Deep Drilling into a Mantle Plume Volcano:The Hawaii Scientific Drilling Project」, Scientific Drilling 7 (März 2009).

Troise, C.:「A New Uplift Episode at Campi Flegrei Caldera (Southern Italy):Implications for Unrest Interpretation and Eruption Hazars Evaluation」, Developments in Volcanology 10 (2008), S. 375-392.

## 28장 인류 최대의 위기

Ambrose, S. H.:「Late Pleistocene human population bottlenecks, volcanic winter, and differentiation of modern humans」, Journal of Human Evolution 34,6 (Juni 1998), S.623-51.

Oppenheimer, C.:「Limited global change due to the largest known Quaternary eruption, Toba≈74 kyr BP?」, Quaternary Science Review 21, 14-15 (August 2002), S.1593-1609.

Petraglia, M.:「Middle Paleolithic Assemblages from the Indian Subcontinent Before and After the Toba Super-Eruption」, Science 317, 5834 (6. Juli 2007), S. 114-116.

Robock, A. et al.:「Did the Toba volcanic eruption of 74 ka B. P. produce widespread glaciation?」, Journal of Geophysical Research 114 (2009),

D10107.

Timmreck, C.:「Climate response to the Toba Super-eruption:Regional changes」, Quaternary International, 2011.

Timmreck, C. et al.:「Limited climate impact of the Young Toba Tuff eruption」, American Geophysical Union, Fall Meeting 2010, abstract V24A-03.

### 29장 아프리카가 두 조각난다

Ayalew, D.:「The relations between felsic and mafic volcanic rocks in continental flood basalts Ethiopia:implication for the thermal weakening of the crust」, Geological Society, London, Special Publications 2011, 357, S.1-8.

Bastow, I., Keir, D.:「The protracted development of the continent-ocean transition in Afar」, Nature Geoscience 4 (2011), S.248-250.

Belachew, M. et al.:「Comparison of dike intrusions in an incipient seafloor-spreading segment in Afar, Ethiopia Seismicity perspectives」, Journal of Geophysical Reswearch 116 (2011), B06405.

Beutel, E. et al.:「Formation and stability of magmatic segments in the Main Ethiopian and Afar rifts」, Earth and Planetary Science Letters 293, 3-4 (1. mai 2010), S.225-235.

Coté, D. et al.:「Low-Frequency Hybrid Earthquakes near a Magma Chamber in Afar:Quantifying Path Effects」, Bulletin of the Seismological Society of America 100, 5A (Oktober 2010), S.1892-1903.

Ebinger, C.:「Tracking the movement of magma through the crust in the East African rift」, 77th Annual Meeting of the Southeastern Section of the AP 55, 10 (2010).

Ebinger, C. et al.:「Length and Timescales of Rift Faulting and Magma Intrusion:The Afar Rifting Cycle from 2005 to Present」, Annual Review of Earth and Planetary Sciences 38, S.439-466.

Field, L. et al.:「Magma storage depths beneath an active rift volcano in Afar (Dabbahu), constrained by melt inclusion analyses, seismicity and Interferometric Synthetic Aperture Rader (INSAR)」, American Geophysical Union, Fall Meeting 2010, abstract T31B-2155.

Hamling, I. et al.:「Stress transfer between thirteen successive dyke intrusion in Ethiopia」, Nature Geoscience 3 (2010), S.713-717.

Hussein, H.:「Seismological Aspects of the Abou Dabbab Region, Eastern Desert, Egypt」, Seismological Research Letters 82, 1 (Januar/Februar 2011), S.81-88.

Keir, D.:「Mapping the evolving strain field during continental breakup from crustal anisotropy in the Afar Depression」, Nature Communications 2, 285 (2011).

Yang, Z., Chen, W.-P.:「Earthquakes along the East African Rift System:A multiscale, system-wide perspective」, Journal of Geophysical Research 115 (2010).

### 30장 인류의 운명선 사해 단층이 위험하다

Ben-Avraham, Z.:「Geology and Evolution of the Southern Dead Sea Fault with Emphasis on Subsurface Structure」, Annual Review of Earth and Planetary Science 36 (2008), S.357-387.

Nur, A.:*Apocalypse:earthquakes, archaeology, and the wrath of God*, Princeton University Press, 2008.

## 31장 지하의 화재 경보

Gielisch, H.:「Detecting concealed coal fires」, Geological Society of America, 2007.

Grasby, S.:「Catastrophic dispersion of coal fly ash into oceans during the latest Permian extinction」, Nature Geoscience 4 (2011), S.104-107.

Terschure, A.:「Emissions by Uncontrolled Coal Fires」, American Geophysical Union, Fall Meeting 2010, abstract A43D-0274.

## 32장 기후게이트

Kueter, J.:「Reply to Union of Concerned Scientists, Smoke, Mirrors, and Hot Air」, George C, Marshall Institute, 2007.

Peters, H. P., Heinrichs, H.:「Öffentliche Kommunikation über Klimawandel und Sturmflutrisiken. Bedeutungskonstruktion durch Experten, Journalisten und Bürger」, Forschungszentrum Jülich, 2005.

Union of Concerned Scientists report,「Smoke, Mirror & Hot Air:How ExxonMobil Uses Big Tobacco's Tactics to 'Manufacture Uncertainty' on Climate Change」, 2011.

Weingart, P., Engels, A., Pansegrau, P.:*Von der Hypothese zur Katastrophe:Der anthropogene Klimawandel im Diskurs zwischen Wissenschaht, Politik und Massenmedien*, Opladen 2007.

지구의 물음에 과학이 답하다
슈피겔 온라인에 절찬리 연재된 지구의 미스터리 32

1판 1쇄 발행 2013년 2월 5일
1판 3쇄 발행 2018년 4월 10일

지은이 알렉스 보야노프스키
옮긴이 송명희

펴낸이 이영희
펴낸곳 도서출판 이랑
주소 서울시 마포구 독막로 10(성지빌딩 608호)
전화 02-326-5535
팩스 02-326-5536
이메일 yirang55@naver.com
등록 2009년 8월 4일 제313-2010-354호

● 이 책에 수록된 본문 내용 및 사진들은 저작권법에 의해 보호받는 저작물이므로
  무단전재와 무단복제를 금합니다.
● 잘못된 책은 구입하신 곳에서 바꾸어 드립니다.
● 책값은 뒤표지에 있습니다.

ISBN 978-89-98746-00-1  03400

「이 도서의 국립중앙도서관 출판시도서목록(CIP)은 서지정보유통지원시스템 홈페이지(http://seoji.nl.go.kr)와
국가자료공동목록시스템(http://www.nl.go.kr/kolisnet)에서 이용하실 수 있습니다.
(CIP제어번호: CIP2013000444)